AF543656

Franz Volhard

Lehmausfachungen und Lehmputze

Untersuchungen historischer Strohlehme

Franz Volhard

Lehmausfachungen und Lehmputze

Untersuchungen historischer Strohlehme

Fraunhofer IRB Verlag

Bibliografische Information der Deutschen Nationalbibliothek

Die Deutsche Nationalbibliothek verzeichnet diese Publikation in der Deutschen Nationalbibliografie; detaillierte bibliografische Daten sind im Internet über http://dnb.d-nb.de abrufbar.
ISBN: 978-3-8167-8119-6

Herstellung: Sonja Frank
Layout: Dietmar Zimmermann
Lektorat: Susanne Jakubowski
Umschlaggestaltung: Martin Kjer
Satz: Satzkasten, Stuttgart
Druck: Tutte Druckerei GmbH, Salzweg
Für den Druck des Buches wurde chlor- und säurefreies Papier verwendet.

Die vorliegende Arbeit stellt eine überarbeitete und erweiterte Fassung einer 1987 – 90 im Auftrag der Nassauischen Heimstätte, Sanierungsbüros Limburg, beauftragten und vom Landesamt für Denkmalpflege Hessen freundlich unterstützten Untersuchung dar. Eine Kurzfassung wurde 1992 vom Magistrat der Stadt Limburg veröffentlicht [Volhard 1992].

Abbildungsnachweis: Alle Abbildungen vom Autor, wenn nicht anders angegeben

Fraunhofer-Informationszentrum
Raum und Bau IRB
Nobelstraße 12, 70569 Stuttgart
Telefon +49 711 970-2500
Telefax +49 711 970-2508
E-Mail: irb@irb.fraunhofer.de
http://www.baufachinformation.de

Inhalt

1 Einführung

Die Tradition des Bauens mit Lehm in Deutschland – und Nordeuropa – ist die des Fachwerkbaus. Die Gefache wurden für die Ausfachung zunächst mit Traggerüsten aus Schwachholz versehen: Stakungen, Flechtwerk auf Staken oder Verlattungen, deren geringe Holzquerschnitte auch die Kleinteiligkeit der Fachwerkproportionen begründen. Zur Füllung diente meist »Strohlehm«, eine plastische Mischung aus Lehm mit stabilisierendem Stroh, in ungezählten regionalen Varianten aufgetragen. Historische Lehmausfachungen wurden bisher bei der Haus- und Fachwerkforschung nur am Rande behandelt. Seit den 1980er Jahren beginnt ein neues Interesse am Baustoff Lehm und man erkennt die substanzerhaltenden, trockenhaltenden Eigenschaften der Lehmausfachung wieder, gerade auch nach schlechten Erfahrungen bei der Sanierung mit modernen Baustoffen. Bei Wiederanwendungen der Lehmtechnik versucht man das historische Vorbild nachzuahmen, doch in der Praxis entstehen erhebliche Unsicherheiten, da die lebendige Überlieferung unterbrochen und man auf Angaben in der Literatur angewiesen ist. Soweit diese allgemein bekannte Technik überhaupt

Abb. 1-1 Freigelegte Ostfassade, Gefach 2 vor Ausbau (linkes Brüstungsgefach Obergeschoss, spätere Lehmsteinausmauerung anstelle früherer Kreuzstreben)

Abb. 1-2 Nordfassade

Abb. 1-3 Außenwand Gefach 1 (13. Jh.) vor Ausbau

schriftlich erwähnt wurde, sind die Angaben im Detail oft sehr unterschiedlich und interpretationswürdig und können für eine heutige Wiederanwendung nicht ohne Weiteres umgesetzt werden. Zu wichtigen Fragen, wie z. B. zur Qualität des Baulehms oder dem richtigen Strohanteil finden sich in den alten Quellen oft nur unzureichende Angaben.

Einige Forschungsarbeiten und Untersuchungen widmeten sich in der Folge der 1980er Jahre im Rahmen der Fachwerkerhaltung und Denkmalpflege auch den Lehmausfachungen. Bisherige Analysen beschränkten sich aber oft nur auf wenige Aspekte, wie zum Beispiel die geotechnischen Eigenschaften des Lehms, meist der Korngrößenverteilung, die allein aber keine Rückschlüsse auf die Qualität und Bindekraft des Lehms erlaubt. Wichmann kommt in einem Beitrag zur Tagung »Lehm im Fachwerkbau« in Kommern 1984 nach eigener gründlicher Untersuchung verschiedener Lehme zur Erkenntnis, dass die Zusammensetzung des Lehms allein die Qualität einer Ausfachung nicht ausreichend beschreibt. Deren Qualität könnte dagegen nur mit einer Untersuchung weiterer Parameter wie vor allem der Auftragstechnik beurteilt werden [Wiechmann 1986, S. 86]. Die vorliegende Arbeit hat ihren Ursprung in dieser Fragestellung.

Das Gotische Haus Römer 2 – 6 in Limburg gehört zu den ältesten noch erhaltenen Lehmfachwerkhäusern Deutschlands und bot anlässlich Umbau und Instandsetzung die seltene Gelegenheit, Strohlehmgefache aus unterschiedlichen Epochen – vom 13. bis zum 18. Jahrhundert – systematisch zu untersuchen. Wegen der beabsichtigten Neuausfachung mit Lehm wurde der Verfasser beauftragt, fünf für verschiedene Bauphasen repräsentative Gefache zu untersuchen, um einerseits die bauhistorischen Kenntnisse über dieses Thema zu erweitern und zu dokumentieren und darüber hinaus praktisch verwertbare Anhaltspunkte für die geplanten Neuausfachungen dieses Hauses zu gewinnen. Die vorliegende Arbeit stellt den erstmaligen Versuch dar, das Thema möglichst umfassend zu behandeln, da die Erfahrung gezeigt hat, dass Einzelaspekte, wie z. B. die Analyse des Lehms, nicht ausreichen für eine Beurteilung. Erst das Aufeinanderbeziehen aller Einzelmerkmale wie z. B. Raumgewicht, Strohanteil, Auftragstechnik, Haftung, Beurteilung der Qualitäten usw. kann ein zutreffendes Gesamtbild ergeben.

Sicherlich können die Untersuchungen nicht beanspruchen, abschließende Ergebnisse zu historischer Ausfachungstechnik zu liefern. Insbesondere auch, da das Gebäude Römer 2 - 6 nur noch in geringem Umfang über ursprüngliche oder überhaupt ältere Gefache verfügte. Daher sind die Aussagen bei nur einem Gefach für jede Zeitstellung selbst für dieses Gebäude nicht repräsentativ. Trotz dieser Einschränkungen kann auf der Grundlage der durchgeführten Untersuchungen und entwickelten Methodik eine weitergehende Forschung aufbauen, um an weiteren Beispielen zu klären, ob sich die Technik und Zusammensetzung historischer Lehmgefache im Zeitablauf in charakteristischer Weise verändert haben. Die untersuchten Beispiele weisen in diese Richtung und können damit dazu beitragen, wichtige neue Erkenntnisse zu historischen Ausfachungstechniken zu gewinnen.

Abb. 1-4 Innenwand Gefach 3 (16. Jh.) vor Ausbau

2 Überblick und Fragestellung

Eine Grundform der Lehmausfachung ist der Strohlehmauftrag auf Flechtwerk. Während die Einzelheiten der Stakung und des Geflechts relativ bekannt sind, ist die Rekonstruktion der Methode des Auftrags schwieriger. Diese scheint aber für die Qualität der Ausfachung entscheidend zu sein. Auf eine mögliche Variationsbreite deuten alte Bezeichnungen wie »Verstrich«, »Bewurf«, »Lehmschlag«, »Wickeln«, »Windeln« oder »Wellern«. Besonders interessiert die Strohlehmzusammensetzung. Alte Gefache haben oft erhebliche Strohanteile. Welche Raumgewichte sind damit erzielt worden, welchen Wärmeschutz bieten Strohlehmwände? Die Qualitäten des bevorzugten Lehms und des Strohs sind bisher kaum untersucht, Analysen meist quantitativ und deshalb nicht sehr aussagekräftig. Fragen nach der Bindekraft des Lehms (fett oder mager), nach Strohart, Schnittlänge, oder ob der Lehm mit Sand gemagert wurde - wie heute oft praktiziert - sind nicht beantwortet. Lehmputze sind ebenfalls kaum erforscht. Fragen nach ihrer Aufgabe, Zusammensetzung, Dicke, usw. stellen sich ebenso wie bei den noch erhaltenen, alten Kalkputzen. Interessant ist, wie hier die Haftung auf den Lehmflächen erreicht wird.

2.1 Geflecht und Kernfüllungsauftrag

Die bekannte Grundform der Strohlehmausfachung ist ein rechteckig bis quadratisches Gefach, gebildet aus senkrechten Pfosten, aussteifenden Streben und dazwischen gesetzten waagrechten Riegeln, die die Gesamthöhe zwischen Schwelle und Rähm in zwei oder drei Felder aufteilen, damit die Staken nicht zu lang werden und einen festen Halt haben. Die Staken stecken unten in einem gestemmten Loch und oben in einer Dreikantnut, in die sie beim Einbau stramm von der Seite eingeschlagen werden. Oben und unten sind sie dazu mit dem Beil angespitzt. Die Staken sind aus Eichen-, Buchen- oder Kiefernholz gespalten und mit dem Beil in eine dem Oval angenäherte Querschnittsform gebracht, damit die eingeflochtenen Weidenruten weniger über scharfen Kanten brechen können.

Die Stakung wird im Allgemeinen senkrecht im Abstand von 25 bis 30 cm angeordnet. Zur Aufhängung und Haftung der plastisch aufgetragenen Strohlehmmasse werden Weidenruten waagrecht eingeflochten und zwar in wesentlich dichterem Abstand. Es entsteht ein waagrechtes Spalier, in dem der Strohlehm haftet bzw. sich aufhängen kann. Übliche Gefache enthalten drei Staken, da hier das Einziehen der Weidenruten am einfachsten ist.

Während Stakung und Flechtwerk in ihrer verschiedenartigen Anordnung an vielen alten Gebäuden zu studieren sind, ist die Rekonstruktion der Strohlehmzusammensetzung und der Methode des Auftrags etwas schwieriger. Hier ist man auf Aussagen alter Handwerker und auf Literaturangaben angewiesen und trifft wie zu erwarten auf eine Variationsbreite von Rezeptangaben:

- Eine gebräuchliche Vorstellung und heute oft praktizierte Methode ist die eines *Strohlehmverstrichs*, der von beiden Seiten mit Kelle oder Hand aufgetragen wird. Damit beide Aufträge fest am Geflecht haften, lässt man den ersten einige Tage antrocknen, um zu vermeiden, dass er, in noch plastischem Zustand, durch den andern wieder aus dem Geflecht gedrückt wird. Möglichst kurz geschnittenes Stroh (Häcksel) erleichtert das Auftragen der Strohlehmmasse, vor allem mit Kelle und Brett. Außerdem ein hoher Lehmanteil, ohne den die aufgetragene Masse nicht genug haften würde. Um die zu erwartende Schwindung zu vermeiden, wird häufig die Magerung mit Sand empfohlen. Voraussetzung für einen solchen Auftrag ist ein etwa fingerbreiter Flechtrutenabstand. Oft werden (doppelt so viele) Ruten dicht an dicht aufeinandergeschoben.
- Eine weitere Variante ist die des *»Lehmbewurfs«*, eine alte Bezeichnung, die vermutlich mehr die Geschwindigkeit vorbeschriebener Auftragsmethode meint und nicht allzu wörtlich genommen werden sollte. Die bei heutigen Wiederanwendungen z. T. geübte Praxis, den Lehm von beiden Seiten gleichzeitig auf eine vorher vereinbarte Stelle zu werfen, dürfte zu unzweckmäßig sein, um als historische Auftragsmethode zu gelten.
- Das Wort *»Lehmschlag«* bezeichnet nicht nur eine Handlungsanweisung bei der Herstellung von (geschlagenen) Böden und Decken. Auch Wandausfachungen werden mit »Lehmschlag« bezeichnet, was verwundert. Denn wie sollte

Abb. 2-1 Klaiber bei der Arbeit mit dem Lehmhaken und dem Handbrett [Grebe 1943, S. 387]

Abb. 2-2 Wickelstaken [Reuter 1922]

Abb. 2-3 Wickeltechnik [Reuter 1919]

der Lehm geschlagen werden, ohne dass er auf der anderen Seite vom Geflecht abfiele. Aber offensichtlich waren auch frisch hergestellte Gefache ausreichend stabil, um Schlägen standzuhalten. In einer Nürnberger Chronik [Krünitz 1796] gilt die Gesellenprüfung eines Klaibers (Lehmhandwerkers) als bestanden, wenn das frische Lehmgefach drei Schlägen des Zimmermanns standhielt, ohne dass etwas abfiel. Da dies bei oben beschriebenen Techniken kaum vorstellbar ist, könnte das Wort einen Arbeitsgang bezeichnen, der zur Glättung und Verfestigung eines in Wickeltechnik (s. u.) hergestellten Gefachs diente.

- Bezeichnungen von Strohlehmtechniken wie »Wickeln«, »Windeln«, »Wellern«, mit denen das Umwickeln von Staken oder Flechtruten bezeichnet wird, könnten darauf hindeuten, dass »Lehmschlag« tatsächlich eine Arbeitsanweisung meint. Denn in diesem Fall umschlingt der aus längerem Stroh (und weniger Lehm) hergestellte Strohlehm das Flechtwerk und kann auch im frischen Zustand nach keiner Seite abfallen. Die unebene Oberfläche wird bei dieser Technik mit weiteren Aufträgen auf die gewünschte Gefachdicke gebracht und geglättet. Ein anschließendes Schlagen würde die Aufträge und auch die Wickelung verdichten und festigen ohne die Gefahr eines Abfallens der Füllung vom Geflecht. Es leuchtet ein, dass bei der Wickeltechnik die Flechtruten einen größeren Abstand haben als bei Verstrich oder Bewurf. So sind auch umwickelte Stakungen, senkrecht oder waagrecht, ohne Flechtruten verbreitet, ebenso die Technik, die Wickel auf einem Tisch vorzufertigen und in Decken oder Wänden aufeinanderzuschieben (Abb. 2-5).

Aufgabe der Untersuchung der Gefache des Limburger Hauses soll es vor allem sein, durch geeignete Analysemethoden Aufschlüsse über die hier angewandten Techniken zu gewinnen.

Abb. 2-4
Variationsbreite der Strohlehmausfachung, Scheune in Wetterfeld, Hessen

Abb. 2-5
Lehmwickel, vorgefertigt für den Einbau

2.2 Strohlehmzusammensetzung

Ein Gefach mit plastischem Lehm zu füllen, dem kein oder nur sehr wenig Stroh zugemischt wurde, dürfte bei einer Gefachdicke von üblicherweise 15 cm nur in mehreren Arbeitsgängen auf jeweils angetrockneten Schichten gelingen, da zu dick aufgetragene Lehmaufträge absacken, ausbauchen und sich vom Untergrund lösen. Das Stroh im Strohlehm begrenzt nicht nur die Schwindrissbildung und stabilisiert dadurch das trockene Gefach, sondern ist, in genügender Menge zugemischt, erst die Voraussetzung für einen Auftrag in einem Arbeitsgang. Das Stroh verfilzt beim Mischen mit dem Lehm zu einer zähen Masse, die in großen zusammenhängenden Portionen in die Wand gebracht werden kann. Bei einem sehr dichten Geflecht darf der Lehmanteil zur ausreichenden Haftung nicht zu gering sein, da das Stroh nicht eingreifen kann. Zwischen größere Flechtrutenabstände kann dagegen ein Strohlehm auch mit hohem Strohanteil eingearbeitet werden, da hier das Stroh mit dem Flechtwerk direkt verbunden wird. Es gibt sogar nur mit Stroh umwickelte Staken, die dann mit Lehm verstrichen wurden, der auf der Strohoberfläche guten Halt findet.

Durch einen hohen Strohanteil oder richtiger ausgedrückt, durch einen geringen Lehmanteil wird Strohlehm leichter und damit wärmedämmender. Ob diese Vorzüge im Mittelalter bewusst eingesetzt oder nur die Folge der Technik waren, ist nicht bekannt. Bei heutigen Anwendungen dürften die bauphysikalischen Eigenschaften von Strohlehm jedenfalls von Interesse sein. Hier gilt: Strohlehm mit hohem Raumgewicht (1400 bis 1700 kg/m^3), gemischt aus viel Lehm und relativ wenig Stroh, hat eine geringere Wärmedämmung als Strohlehm mit niedrigem Raumgewicht (1200 bis 1400 kg/m^3). Mit etwas weniger Lehm und mehr Stroh entspricht dessen Dämmung etwa einem Hochlochziegel. Im Extremfall wird wenig Lehm mit viel Stroh - oder auch anderen Leichtzuschlägen - zu Leichtlehm (600 bis 1200 kg/m^3) aufbereitet, der die Wärmedämmung von Leichtziegeln oder von Porenbeton erreicht und deshalb bei heutigen Neubauten und Fachwerksanierungen gerne eingesetzt wird. Interessant ist, dass Lehmwickel in DIN 4108 Wärmeschutz Ausg. 1969 wie Leichtlehm eingeordnet waren, aufgrund ihres relativ hohen Strohanteils. Orientierende Voruntersuchungen an historischen Strohlehmausfachungen in Darmstadt zeigten einen sehr hohen Strohanteil und z. T. das sehr niedrige Raumgewicht von Leichtlehm (Abb. 2-6).

Mischrezepte für Strohlehm sind in der älteren Literatur nur vereinzelt zu finden. Die Technik war zu verbreitet und bekannt, als dass es einer

Abb. 2-6 Hohe Strohdichte, Strohlehmgefach in 300 Jahre altem Fachwerkhaus, Darmstadt

schriftlichen Fixierung bedurft hätte. Meist sind diese Angaben mehr qualitativer als nachvollziehbar quantitativer Art und auch hier z. T. widersprüchlich. Nur eine Quelle soll zitiert werden, weil sie zu der uns interessierenden Frage der »richtigen« Strohlehmzusammensetzung zwischen guten und schlechten Ausführungen unterscheidet: »Das Wort ›Strohlehm‹ ist sehr alt und umschließt eine ›Herstellungsanweisung‹ von leider allgemein unterschätztem praktischen Wert und Bedeutung. Was heute an ›Strohlehm‹ verarbeitet wird, ist meistens nur ›etwas Stroh und Lehm‹. Fast ausschließlich wird dem Lehm zu wenig Stroh beigemischt ... Dieser Strohlehm muss sich mit der Mistgabel wie Stalldung transportieren lassen ... Stroh kann nie zuviel sein ...« [Grebe 1943, S. 381].

Im Haus Römer 2 - 6 wird interessieren, ob in den bis ins 13. Jh. reichenden Bauepochen solche Qualitätsunterschiede festzustellen sind. Welche Raumgewichte, welche Wärmedämmung hatten die Strohlehmgefache und in welchen Mengenverhältnissen waren Stroh und Lehm gemischt?

Abb. 2-7 Zubereitung von Strohlehm [Grebe 1943]

Die für die Strohlehmzubereitung erforderliche Beschaffenheit der Zutaten Stroh und Lehm lässt sich anhand von alten und auch neuen Literaturangaben ebenfalls nur schwer nachvollziehen. Der »richtige« Lehm ist einmal »fett«, dann wieder »mager« - wobei die jeweiligen Definitionen der Bindekraft des Lehms meist nicht mitgeliefert werden. Heute versucht man, die Qualität des Lehms mit Methoden der Baugrunduntersuchung, z. B. mit quantitativer Ermittlung des Tonanteils, zu bestimmen.

Die Analyse der im Haus Römer verwendeten Lehme soll neben der Ermittlung vergleichbarer Werte auch der Frage nachgehen, ob die Lehmqualität mit dem Zustand und der Festigkeit der Ausfachungen und Putze in Beziehung steht.

Auch über die Art und Länge des Strohs sind die Literaturangaben widersprüchlich. Das eine Extrem ist Strohhäcksel mit einer Schnittlänge bis 10 cm, das andere ungeschnittenes Langstroh zur Herstellung von Lehmwickeln. Soweit möglich soll die Untersuchung Beziehungen zwischen der verwendeten Strohart und -länge und der vorgefundenen Auftragsmethode herstellen.

2.3 Lehmputze

Die in historischen Fachwerk-, aber auch Massivbauten in allen Variationen vorkommenden Lehmputze sind bis heute kaum Forschungsgegenstand. Die Verwendung von Lehm anstelle von Kalk als Putzbinder mag mit der relativ teuren Herstellung des holzgebrannten Kalks erklärt werden, zumal Holz als Hauptenergiequelle immer knapp war. Lehmputz hat aber gegenüber Kalkputz auch den Vorzug, besser auf Lehmuntergründen zu haften. Ein weiterer Vorzug von Lehmputz ist die Möglichkeit, mit wesentlich dickeren Aufträgen Unebenheiten auszugleichen.

Lehmputze sind meist Strohlehmputze, das heißt die eingebaute Armierung aus zugfesten, relativ langen Fasern vermindert nicht nur die Schwindrissbildung, sondern erlaubte es auch, das Fachwerk oder die Deckenbalken ohne Rissgefahr zu überputzen, wobei sich die Frage des Putzträgers elegant erübrigte. Das (innere) Überputzen des Fachwerks hatte nicht nur ästhetische Gründe, diente nicht nur einer größeren Feuersicherheit, sondern löste das beim Fachwerkbau unvermeidliche Problem der nie ganz winddichten Anschlussfuge zwischen Ausfachung und Balken. Die leicht modellierbare Oberfläche ließ die Ausformung zu Stuckdecken, Friesen zu.

Aber auch zwischen sichtbarem Fachwerk aufgebrachte Lehmputze waren üblich. Ob diese nur die raue und rissige Kernfüllungsoberfläche glätten und Schwindfugen am Gefachrand schließen sollten, wird zu klären sein, oder die Frage, ob ein Lehmputz sehr bald nach der Ausfachung aufgetragen wurde oder erst viel später, ob er sichtbar blieb, gestrichen wurde oder als Unterputz für einen Kalkputz diente.

Schließlich interessiert, ähnlich wie bei den Kernfüllungen, die Zusammensetzung, der verwendete Lehm, die Schnittlänge des Strohs usw., aber auch Festigkeit und Haftung auf dem Untergrund, die Oberflächenstruktur in Zusammenhang mit weiteren Putz- und Anstrichschichten.

2.4 Kalkputze und Anstriche

Handwerker wissen sich beim Verputzen von Lehmoberflächen oft nicht anders zu helfen, als vollflächig Maschendraht oder Nylongewebe als Putzträger für einen Kalkputz anzubringen. Putzschäden an alten Fachwerkhäusern scheinen den Beweis zu liefern, dass Kalkputz auf Lehm ohne die Verwendung eines Putzträgers nicht halten kann. Aber unzählige kalkverputzte Lehm- und Lehmfachwerkhäuser dürften das Gegenteil beweisen, trotz sehr dürftiger ortsüblicher Putzgrundvorbereitungen.

Da sich Kalkputz nur mechanisch an der Lehmoberfläche aufhängen kann - eine chemische Verbindung findet nicht statt - muss der Untergrund genügend aufgeraut oder gelöchert sein. Nach Niemeyer sei auch das traditionelle Abkämmen der Fläche (Kammstrich) beim Außenputz »gänzlich wirkungslos« [Niemeyer 1946, S. 90]. Er empfiehlt einen dicht gelöcherten Lehmunterputz.

Lehmgefache waren nicht immer kalkverputzt. Eine Strohlehmoberfläche hält auch relativ lange unverputzt der Witterung stand, da die im Lehm eingebetteten ineinander verfilzten Strohhalme ein Auswaschen durch Regen verhindern. Vielleicht hat man die Oberflächen auch mit wasserabweisenden Mitteln wie Kalkmilch, Ochsenblut, Kasein (Molke) gestrichen.

Auch wenn es bei den hier untersuchten Gefachen nur wenige Befunde von älteren Kalkputzen gibt, so sind doch interessante Einblicke in die alten Putztechniken möglich, die sich schon auf den ersten Blick wesentlich von den heutigen unterscheiden.

Die z. T. zahlreichen Anstrichschichten, soweit auf den Kalkputzflächen der entnommenen Gefache erhalten, sollen mehr am Rande behandelt werden, um den Rahmen dieser Untersuchung nicht zu sprengen.

3 Untersuchungsmethode

Die Fragestellungen erforderten neue Untersuchungsmethoden, die zum größten Teil neu entwickelt wurden. Sie sollten einfach und beispielhaft für weitere Untersuchungen dieser Art sein und zu Aussagen führen, die in der Baupraxis verwertbar sind. Folgende wesentliche Merkmale werden untersucht.

Strohlehm:

- *Raumgewicht*
- *Strohdichte*
- *Auftragsmethode: Größe der Auftragsstücke, Reihenfolge, Prinzip, Verzahnung im Flechtwerk, Freilegung verborgener Oberflächen*

Lehmanalyse:

- *Bindekraftprüfung*
- *Korngrößenverteilung*
- *Kalkgehalt*

Strohanalyse:

- *Schnittlänge, Strohart, Zustand*

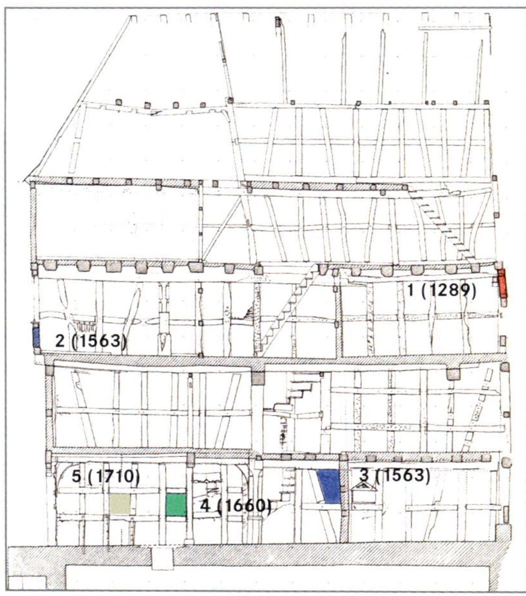

Abb. 3-1 Längsschnitt mit Kennzeichnung der Entnahmestellen

3.1 Ausbau der Gefache

Eine Untersuchung der Gefache im eingebauten Zustand wäre bei dem vorgegebenen Untersuchungsumfang nicht möglich gewesen. Um die Gefachfüllung möglichst unversehrt als Ganzes ausbauen und transportieren zu können, wurden sie vor dem Ausbau von beiden Seiten mit passend zugeschnittenen Spanplatten abgedeckt, die miteinander durch vier Schraubbolzen verbunden wurden. Mit der Kettensäge wurden am oberen (z. T. auch unteren) Gefachrand die Verzapfungen

Abb. 3-2 Ausbau der Gefache

Abb. 3-3
Probenahme

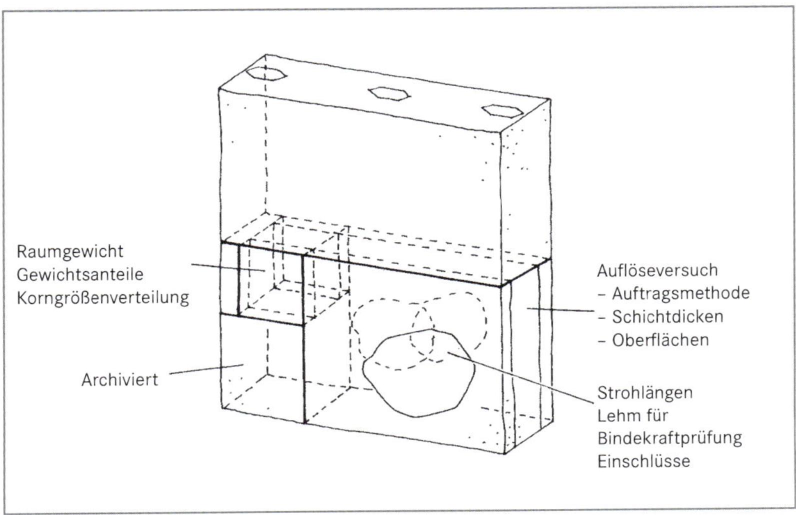

Abb. 3-4
Ausgebautes Gefach 1 von 1289

der Staken in den Riegeln getrennt, so dass das Gefach in einem Stück seitlich herausgeschoben, herausgeklappt werden konnte (Abb. 3-2). Durch die Sägeschnitte wurden zwar die entsprechenden Oberflächen verletzt, ein schonenderer Ausbau wäre aber nur nach Demontage des umliegenden Fachwerks möglich gewesen. Gefach 1 konnte wegen seiner Größe (1,70 x 1,25 m) nicht als Ganzes ausgebaut werden. Im Labor wurden die Gefache mehrfach geteilt, um für die folgenden Untersuchungen Probekörper in geeigneten Größen zu gewinnen (Abb. 3-3).

Abb. 3-5
Teilung mit der Säge

3.2 Probenahme

Es wurden fünf Gefache, die nicht erhalten werden konnten oder sollten, in Abstimmung mit den beteiligten Planern und Bauforschern entnommen, in Wänden, deren Fachwerkhölzer dendrochronologisch datiert sind (Abb. 3-1). Wenig spricht gegen die Annahme des gleichen Alters zumindest für das Flechtwerk und die Kernfüllungen. Den einzelnen Lehm- und Putzschichten wurden nach Art und Lage vierstellige Bezeichnungen gegeben: Gefach (1, 2, 3, 4, 5), Gefachseite/Himmelsrichtung (s, o, w, n), Art der Schicht (Kernfüllung K, Lehmputz P, Kalk-Feinputz F, Anstrich A), mehrere Schichten gleicher Art (1, 2, 3), ältere und jüngere Aufträge der gleichen Schicht (a, b). Die Proben 1, 3 und 4 wurden im November 1987 entnommen, die Proben 2 und 5 waren im Zuge der Zimmerarbeiten bereits ausgebaut und gesichert.
Leider sind nicht bei allen Proben die Kalkputz- und Anstrichschichten erhalten, da sie vor Beginn der Untersuchungen bereits abgeschlagen waren.

3.3 Analyse der Kernfüllungen und Lehmputze

3.3.1 Ermittlung des Raumgewichts

Durch die Kenntnis des Raumgewichts sind Aussagen über bauphysikalische Eigenschaften (Wärmedämmung) sowie über Stroh- und Lehmanteil (s. u.) möglich.

Raumgewicht = Trockengewicht/Volumen (kg/m^3)

Die Bestimmung des Trockengewichts erfolgt nach Trocknung bei 105 °C bis zur Gewichtskonstanz. Das Volumen unregelmäßig geformter Körper kann durch seine Verdrängung in einem geeigneten Medium ermittelt werden. Da die Proben weiterverwendet werden sollten, durften sie durch den Versuch nicht verunreinigt werden. Die bekannten Versuche mit Quecksilber, Eintauchen des Probekörpers in Paraffin usw. schieden aus. Ebenso Quarzsand, der auch zu ungenaue Ergebnisse liefert. Nach mehreren Versuchen wurde die folgende einfache und ausreichend genaue Methode zur Volumenbestimmung entwickelt. Die Probe wird in ein schräggestelltes mit Wasser gefülltes 3 l Messgefäß vollständig untergetaucht. Das Volumen der in einen Messzylinder überlaufenden Wassermenge entspricht dem Volumen des eingetauchten Körpers. Damit die Strohlehmprobe kein Wasser aufsaugt und trocken und unversehrt weiterverwendet werden kann, wurde sie schrumpffolienverpackt. Durch das Absaugen der Luft schmiegt sich die Folie allen Unebenheiten an. Größere Löcher und hervorstehende Strohhalme müssen beim Zuschneiden der Probe vermieden werden. Das Volumen der Folie wird vom ermittelten Volumen abgezogen.

Probenahme: Aus dem für die Raumgewichtsmessung vorgesehenen Teil des Gefachs werden im trockenen Zustand die einzelnen Putz- und Kernfüllungsschichten abgetrennt und auf eine Größe geschnitten, die ein Eintauchen in das Überlaufgefäß (ca. 14 cm Durchmesser) erlaubt.

3.3.2 Strohlehmzusammensetzung

Hier interessiert vor allem, in welcher Menge Stroh zugemischt wurde. Der *Strohanteil in Gewichtsprozenten* lässt sich ermitteln, indem die Strohlehmprobe aufgelöst, das Stroh abgesiebt, gewaschen und nach Ofentrocknung gewogen wird. Da hierzu der Probekörper aus der Raumgewichtsbestimmung weiterverwendet wird, ist das Trockengewicht der Strohlehmprobe bereits bekannt.

Strohanteil in Gew.% = Stroh-Trockenmasse/ Strohlehm-Trockenmasse x 100 (%)

Diese Größe ist aber zu sehr vom Gewicht des Strohlehms, d. h. Lehmanteils abhängig, um die wirkliche Dichte des Strohs im Volumen zu charakterisieren. Mit der Verwendung der Raumgewichtsprobe, deren Volumen bekannt ist, kann dagegen sehr einfach auch die *Strohdichte* ermittelt werden, eine für die praktische Anwendung wichtige Größe, die Aufschluss gibt über die absolute Strohmenge, unabhängig vom Lehmanteil und dem Raumgewicht der Probe.

Strohdichte in kg/m^3 = Stroh-Trockenmasse/ Strohlehm-Volumen (kg/m^3)

Aus der Kenntnis der Strohdichte kann zur Herstellung von Strohlehmmischungen für ein gewünschtes Raumgewicht eine Mengenangabe abgeleitet werden, wenn auch dabei noch andere Faktoren zu beachten sind (s. u.). Außerdem sind in der älteren Literatur bei Rezeptangaben für Stroh- und Leichtlehm Strohdichte und Raumgewicht in Beziehung gesetzt, so dass die ermittelten Werte verglichen werden können [Niemeyer 1946, S. 122].

Wie die Erfahrung und auch die Untersuchungsergebnisse zeigen, ist das Raumgewicht jedoch weniger vom Strohanteil als vom Lehmanteil bestimmt. Das liegt daran, dass die im Stroh- oder Leichtlehm eingeschlossene gewichtsverringernde Luft nicht nur im Stroh selbst enthalten ist, sondern vor allem in Hohlräumen, die durch die sperrige Wirkung des Strohs gebildet werden, aber auch in unzähligen Poren und Schrumpfrissen im Lehm, die durch Verdunstung des Anmachwassers entstehen konnten, weil die Volumenschwindung des Lehms durch das Stroh wesentlich vermindert ist. Der Luftanteil im Strohlehm ist also mitbeinflusst durch die Art des Strohs: Weicheres oder auch kürzer gehäckseltes Stroh bildet weniger Hohlräume als kräftiges länger geschnittenes.

Die Luftporen im Lehm dürften in ihrer Gesamtmenge fast dem Volumen des Anmachwassers entsprechen, wenn die Trockenschwindung des Lehms durch ausreichende Strohbeimischung verhindert wird. Das heißt, je weichplastischer der Strohlehm aufgetragen wurde, desto geringer ist das Raumgewicht (Abb. 5-32).

Der Lehmanteil kann als Differenz von Raumgewicht und Strohdichte ermittelt werden.

Lehmanteil (Trockenmasse in kg/m^3) = Raumgewicht - Strohdichte (kg/m^3).

Mögliche Ungenauigkeiten: Das Waschen des Strohs muss besonders sorgfältig geschehen, da Lehmreste in Halmröhren und Ähren verbleiben können, die das Strohgewicht verfälschen. In der Strohlehmprobe können zufällige Einschlüsse wie Holzsplitter oder Steine enthalten sein, die die Werte für Raumgewicht, Stroh- und Lehmanteil leicht verfälschen können.

3.3.3 Auftragsmethode und -qualität

Neben den rein quantitativen Analysen werden in dieser Untersuchung vor allem auch Aussagen über die Auftragsmethoden und die damit zusammenhängenden qualitativen Merkmale der einzelnen Auftragsschichten gemacht. Quantitative und qualitative Eigenschaften sollen in Beziehung gesetzt werden. Unter folgenden Aspekten soll jede Auftragsschicht untersucht werden:

- *Oberfläche:* Rauigkeit, eben oder uneben, Bearbeitungsspuren, Risse, Putzspuren, Kammstrich, Farbe, Zeitpunkt des Auftrags, Härte und Zustand. Die jeweilige Oberfläche wird dazu vollständig freigelegt.
- *Auftrag:* Größe der Auftragsportionen, Strohfaserverlauf innerhalb des Auftrags, Reihenfolge, Ineinandergreifen des Strohs, Plastizität bei der Verarbeitung, Werkzeugspuren, Haftung auf dem Untergrund, Festigkeit und Qualität. Bei Kernfüllungen außerdem: Verzahnung und Haftung im Flechtwerk, Auftragsprinzip und Methode.
- *Aufbereitung:* Qualität der Aufbereitung, Verteilung des Strohs, unvermischte Lehm- oder Tonklumpen, Steine oder sonstige zufällige oder beabsichtigte Einschlüsse.

Bei der Suche nach einer geeigneten Untersuchungsmethode zeigte sich bald, dass diese Fragen mit einer Analyse der trockenen Gefache, wenn überhaupt, dann nur sehr unvollständig zu beantworteten sind. Die einzelnen Schichten haften so aufeinander, dass ein Versuch, sie voneinander zu trennen, die darunterliegende Oberfläche zerstört hätte. Auch wäre der Strohfaserverlauf innerhalb einer Schicht, der auf die Auftragsmen-

Abb. 3-6
Auflöseversuch,
Wasserlagerung der Probe

gen und das Auftragsprinzip hindeutet, nicht erkennbar gewesen. Das Stroh reißt beim Teilen einer Probe.

Nach mehreren Vorversuchen wurde eine Methode gefunden, die es erlaubt, den gesamten Auftrag auf beiden Seiten des Gefachs, von den Kernfüllungen bis zur obersten Lehmputzschicht, in umgekehrter Reihenfolge nachzuvollziehen. Für diesen *Auflöseversuch* wird ein größerer Teil des Gefachs (ca. 40 x 30 cm) in einen erdfeuchten Zustand gebracht, in dem der Lehm seine Festigkeit, aber nicht seine Gestalt und innere Struktur verliert. In diesem Zustand lässt sich der Strohlehm mit Spachtel, Messer o. ä. leicht abnehmen und sezieren, wobei der gut sichtbare Strohverlauf Portionen, Reihenfolge und Prinzip des Auftrags erkennen lässt. Verborgene Oberflächen lassen sich vollständig und unversehrt freilegen. Bei der Kernfüllung zeigt sich, von welcher Seite zuerst aufgetragen wurde und wie die Verzahnung und Aufhängung am Flechtwerk ist.

Abb. 3-7 Auflöseversuch, Zurückverfolgung des Strohlehmauftrags

Zur Herstellung einer gleichmäßigen Feuchte wird die Gefachprobe in einen etwa zu 3/4 der Probenhöhe wassergefüllten Behälter gestellt (Abb. 3-6). Nach mehreren Stunden hat sich das Gefach und auch der aus dem Wasser ragende Teil vollgesaugt, das Wasser wird abgelassen und die Probe zur gleichmäßigen Verteilung der Feuchte etwa einen Tag mit Folie abgedeckt sich selbst überlassen. Die für den Versuch richtige Feuchte ist erreicht, wenn der Lehm beim Abnehmen krümelt, ohne zu schmieren oder am Werkzeug kleben zu bleiben. Beim Einsumpfen zeigt sich eine erstaunliche Stabilität des Strohlehms unter Wasser. Selbst nach Stunden bleiben bei manchen Gefachen die Oberflächen unversehrt und das Wasser klar. Weniger stabile Gefache werden beim Einsumpfen mit Schraubzwingen zusammengehalten, um das Ablösen und Abfallen von Schichten unter Wasser zu verhindern.

3.3.4 Stakung und Geflecht

Die beim Auflöseversuch freigelegten Teile der Stakung und des Geflechts können mit den Kernfüllungsaufträgen in Beziehung gesetzt werden. Insbesondere interessieren hier der Zusammenhang zwischen Flechtrutenabstand (aber auch -dicke) und Haftung bzw. Eingreifen des Kernfüllungsauftrags. Flechtwerk und Stakung werden aufgemessen, Holzarten, Querschnitte, Zustand, Bearbeitung festgehalten. Die nicht freigelegten Teile des Flechtwerks werden, soweit an den Rändern erkennbar, aufgemessen. Das Aufmaß des Fachwerks, der Kerben und Stakenlöcher in den Riegeln ergänzen das Protokoll.

3.3.5 Lehmanalyse

Zur nachvollziehbaren Einordnung und Klassifizierung der im Haus Römer verwendeten Lehme soll eine Untersuchungsmethode gewählt werden, die einerseits wissenschaftlichen Ansprüchen gerecht wird, andererseits aber für die Lehmbaupraxis nicht zu aufwändig sein sollte. Ohne Frage kamen die alten Lehmbauer ohne komplizierte Bestimmungsmethoden aus, heute fehlt zu einer solchen Sicherheit die nötige Erfahrung. Erfahrungsgemäß genügte früher ein bewährter Lehm aus der örtlichen Lehmgrube den Zwecken, heute wird Lehm meist aus unbekannten Vorkommen gewonnen und muss deshalb fachgerecht auf seine Eignung geprüft werden.

Einfache Handprüfmethoden, wie sie in der Lehmbauliteratur [z. B. Fauth 1946], in DIN Normen über Bodenuntersuchungen [DIN 4022-1969] oder in den Lehmbau Regeln [Lehmbau Regeln 2009] zu finden sind, setzen zur sicheren Beurteilung ebenfalls Erfahrung voraus. Solche Versuche liefern keine vergleichbaren Zahlenwerte. Für die vorliegende Untersuchung und die praktische Anwendung scheiden sie deshalb aus. Die in jüngerer Zeit angewandten, der Baugrunduntersuchung entlehnten Methoden – eine Darstellung im Einzelnen würde hier zu weit führen – erscheinen weniger geeignet und vergleichsweise zu aufwändig [Volhard 1995, S. 38]. Aus diesen Gründen wurden die folgenden, relativ einfachen Untersuchungen, wie sie sich in der Lehmbaupraxis lange bewährt haben, gewählt [Niemeyer 1946, S. 31 ff.] [Wagner 1947]. Der wesentliche Teil, die Bindekraftprüfung, ist in Vornorm DIN 18952 [DIN 18952-2 1956] und in die Lehmbau Regeln aufgenommen worden [Lehmbau Regeln 1999, 2009].

Untersucht werden:

- die Bindekraft
- die Korngrößenverteilung (in vereinfachter Form)
- die Farbe und der Kalkgehalt.

Bindekraft

Die Bindekraft ist die Zugfestigkeit des Lehms einer bestimmten Plastizität, der sogenannten »Normsteife«. Bei gleicher Steife – unabhängig vom Feuchtegehalt – sind die bindigen Ton-Bestandteile verschiedener Lehme im gleichen Maße aufgeschlossen. Die Prüfkörper sind dadurch vergleichbar. Nach der erreichten Zugfestigkeit eines Zerreißkörpers in g/cm² werden Baulehme klassifiziert (Abb. 3-8).

Voraussetzung für diesen Versuch ist die sorgfältige Aufbereitung des Lehms und Herstellung der definierten Plastizität (Steife) nach vorgeschriebenen Verfahren sowie das Auslesen von Kies und Steinen über 2 mm Querschnitt, die das Ergebnis verfälschen würden. Es wird der Durchschnittswert von drei Zerreißversuchen ermittelt, die nicht mehr als 10 % voneinander abweichen dürfen. Die

Bezeichnung	Bindekraft (g/cm²)
sehr mager	50 - 80
mager	> 80 - 110
fast fett	> 110 - 200
fett	> 200 - 280
sehr fett	> 280 - 360
Ton	> 360

Abb. 3-8 Einteilung der Lehme nach der Bindekraft [Lehmbau Regeln 2009]

Versuchsdurchführung im Einzelnen kann der angegebenen Literatur entnommen werden.

Für unsere Untersuchung wird der Lehm den einzelnen Auftragsschichten aus dem Auflöseversuch entnommen. Die Strohlehmprobe wird aufgeschlämmt, um Stroh, Feinfasern und Kies über 2 mm absieben zu können. Nach längerer Standzeit der gereinigten Lehmschlämme wird das klare Wasser abgesaugt, der Bodensatz auf erdfeuchte Konsistenz getrocknet und nach Herstellung der Normsteife der Bindekraftprüfung unterzogen (Abb. 3-9).

Ungenauigkeiten, mögliche Fehler:

- Die Bindekraftprüfung dient dazu, die Qualität eines Lehmes natürlicher Herkunft zu bestimmen und ihn als *Baulehm* zu klassifizieren. Wird diese Prüfung – wie hier – auf die Analyse eines *Lehmbaustoffs* angewandt, kann nur bedingt auf die Qualität des ursprünglich verwendeten Baulehms rückgeschlossen werden, da der Lehm nicht dem Gelände, sondern einer Baustoffprobe entnommen ist, also einem Gemisch aus Lehm, Stroh und möglicherweise Sand. Weitere unbekannte Zutaten könnten den Lehm in seinen plastischen Eigenschaften verändert haben. Bekannt sind z. B. Zugaben von Kalk, Urin oder feinsten Kuhdungbestandteilen, Zutaten, die sich kaum herausfiltern lassen. Für die Analyse von Lehmbaustoffen, historischer und heutiger, könnte sich zur Reduzierung unbekannter Einflussfaktoren anbieten, nur die *Bindekraft des Feinkorns* zu bestimmen, also der Ton- und Schluff-Fraktion <0,06mm, die durch Siebung bereits bei Bestimmung der Korngrößenverteilung gewonnen wurde. Nach diesem – neuen

Abb. 3-9 Bindekraftprüfung

- Verfahren ermittelte Werte könnten aber nicht mit Referenzwerten verglichen werden, da diese nicht vorliegen. Hier wurde ergänzend die *Feinkornbindekraft* an Stichproben ermittelt (s. 6.1.1).

- In den roten Lehmen des Limburger Hauses lässt sich wegen großer und kleiner unaufgelöster Tonknollen kaum eine exakte Bindekraft ermitteln. Die Tonknollen wurden deshalb als grobe Einschlüsse ohne bindige Wirkung ausgelesen. Aber viele kleinere Lehm- und Tonknollen, die in den meisten Lehmen zu finden sind, lösen sich beim Aufschlämmen auf oder werden spätestens bei der Aufbereitung zur Normsteife zerdrückt. Es sind also allgemein höhere Werte der Bindekraft zu erwarten, als der ursprünglich verwendete Lehm in seiner aufbereiteten Form besaß. Genauere Ergebnisse sind aber diesbezüglich von anderen Untersuchungsmethoden auch nicht zu erwarten.

Korngrößenverteilung

Zur Bestimmung der Korngrößenverteilung nach DIN 18123 [DIN 18123] werden die Gewichtsanteile für Sand und Kies durch Sieben ermittelt, die feineren Bestandteile (< 0,06 mm) an Ton und Schluff durch Sedimentation unterschieden. Letzteres Verfahren ist aufwändig und den Ergebnissen haften Fehler an: z. B. wird bei der Errechnung der Korndurchmesser nach dem Stokesschen Gesetz aus ihrer Sinkgeschwindigkeit in einer Flüssigkeit eine Kugelform angenommen [Kezdi 1969, S. 29]. Tonkristalle sind aber nicht kugel- sondern platten-, schuppen-, oder nadelförmig. Da aber flache Körper größere Anziehungskräfte (= Bindekraft) ausüben als runde, ist nur deren Anteil interessant. Die Unterscheidung zwischen flachen und runden Partikeln ist jedoch mit dem Verfahren nicht möglich. Außerdem ist der Durchmesser plattenförmiger Partikel wesentlich größer, als der ihrem Volumen entsprechende Kugeldurchmesser. Es fragt sich, ob die (scheinbar) genaue Ermittlung der Mengenverhältnisse der feinen Partikel Sinn hat, wenn es in diesem Zusammenhang eigentlich ihre plastische Qualität ist, die interessiert [CRATerre 1986, S. 13]. Über die tatsächliche Klebekraft eines Lehms sagen deshalb Angaben über einen prozentualen »Tonanteil« wenig aus. Da aber die plastischen Eigenschaften bereits durch die Bindekraftprüfung ermittelt sind, kann sich die aufwändige Unterscheidung der Fraktionen < 0,06 mm, Ton (Feinstem) und Schluff (Grob-, Mittel-, Feinschluff) erübrigen. Zusammen mit der Bindekraftprüfung wenden wir, in Anlehnung an die ältere Lehmbauliteratur [Wagner 1947, S. 25], die vereinfachte Bestimmung der Korngrößen durch Sieben an:

Kies		>	2,0	mm
Grobsand	0,6	-	2,0	mm
Mittelsand	0,2	-	0,6	mm
Feinsand	0,06	-	0,2	mm
Ton und Schluff		<	0,06	mm

Die Ergebnisse liefern ein ausreichend scharfes Bild und sind relativ einfach zu ermitteln.

Bei unserer Untersuchung verwenden wir dieselbe Probe, die zur Bestimmung des Raumgewichtes und des Strohanteils diente. Die Probe, deren Trockengewicht bekannt ist (s. o.), wird aufgelöst, das Stroh abgesiebt, getrocknet und gewogen. Aus der verbleibenden Schlämme werden durch das 0,06 mm Sieb die Feinstbestandteile Ton und Schluff so lange ausgewaschen, bis das abgegossene Wasser keine Trübung mehr zeigt. Der getrocknete Mineralrest über 0,06 wird gewogen, die Siebrückstände 0,06 - 0,25 - 1,0 - 2,0 mm ermittelt. Die Lehmtrockenmasse ergibt sich aus dem Probengewicht abzüglich Stroh und Feinfasern. Der Gewichtsanteil der Feinbestandteile unter 0,06 mm (Ton und Schluff) ergibt sich aus Lehmtrockenmasse abzüglich Sand und Kies über 0,06 mm.

Die Ergebnisse werden als Körnungslinie nach DIN 18123 aufgetragen. Zu einer späteren Vergleichsmöglichkeit werden alle Siebrückstände in einer kleinen Menge archiviert (Abb. 3-10).

Etwaige Einschlüsse wie Steine, Wolle, Glas, Scherben, Holz usw., die sich vor allem beim Auflöseversuch im Strohlehm finden, werden gereinigt und ebenfalls archiviert.

Abb. 3-10 Archivierung der Siebrückstände

Ungenauigkeiten

Die ermittelten Siebrückstände lassen nicht unbedingt Rückschlüsse auf die natürliche Zusammensetzung des verwendeten Lehms zu. Es sind z. B. Beimischungen von Sand denkbar, zur Magerung von zu fettem Lehm. Durch Augenschein sind solche Zutaten nicht leicht zu erkennen, vor allem dann nicht, wenn ähnlicher Sand wie im Lehm enthalten, zugemischt ist. Unabsichtlich und zufällig in den Lehm geratener Bauschutt, größere Fremdkörper wie Kalkputzbrocken, Steine usw. lassen sich für den Versuch zwar auslesen, aber feinere Bestandteile wie zu Sand zertretener Kalkmörtel, Sand und Kies des Untergrunds, auf dem der Lehm aufbereitet worden ist, kaum. Einige Lehme weisen so unterschiedliche Fremdkörper auf, dass auch die Mitverarbeitung, vielleicht auch Weiterverarbeitung älterer Lehmgefache in Frage kommt. Trotz dieser möglichen Verfälschungen der Ergebnisse kann die ursprüngliche Zusammensetzung des Lehms kaum anders abgeschätzt werden. Gerade die zufälligen Beimischungen lassen es zu, sich ein Bild über Aufbereitungsmethode und -ort der jeweiligen Strohlehme zu machen und so auch zeitlich auseinanderliegende Aufträge voneinander zu unterscheiden.

Farbe

Die Farben der Lehme wurden durch Vergleich der trockenen Lehmproben aus der Bindekraftprüfung beurteilt.

Kalkgehalt

Der Kalkgehalt (Carbonatgehalt) wird auf einfache Art nach dem Salzsäureversuch nach DIN 4022 ermittelt [DIN 4022-1 1969]. Durch Auftropfen von verdünnter Salzsäure (3:1) können folgende Merkmale unterschieden werden:

»kalkfrei« (0) ergibt kein Aufbrausen
»kalkhaltig« (+) ergibt schwaches bis deutliches aber nicht anhaltendes Aufbrausen
»stark kalkhaltig« (++) ergibt starkes, langandauerndes Aufbrausen.

3.3.6 Strohanalyse

Neben der Menge des zugemischten Strohs (siehe Strohlehmzusammensetzung) interessiert auch die Beschaffenheit des Strohs, also Schnittlänge, Strohart, Zustand. Dazu wird aus einigen möglichst nicht durch die Probenahme angeschnittenen Auftragsstücken aus dem Auflöseversuch das Stroh abgesiebt und gewaschen. Feinfasern aus Kuhdung lassen sich durch einen Papierfilter absieben. Das Stroh wird getrocknet und zu späteren Vergleichsmöglichkeiten archiviert.

Die ursprüngliche *Schnittlänge* lässt sich abschätzen, obwohl das Stroh durch Aufbereitung (Treten) und Verarbeitung des Strohlehms z. T. stark geknickt, gerissen, flachgedrückt und gespleißt (zerfasert) ist. Unversehrte Halme mit erkennbaren Schnitt-Enden werden gemessen und eine Durchschnittslänge geschätzt. *Halmform und Querschnitt* sind naturgemäß bei jedem Stroh sehr unterschiedlich. Auffälligkeiten werden festgehalten, z. B. ob die Halme mehr flach als rund sind, ob sie stark zerfasert, gespleißt oder geknickt sind. Die *Farbe* des Strohs lässt neben seiner Reißfestigkeit den *Erhaltungszustand* beurteilen: Goldgelbes Stroh ist meist noch sehr gut erhalten, bräunlich verfärbtes weniger. Ähren, falls vorhanden, können zur Bestimmung der *Strohart* dienen. Die Strohart wurde in Zusammenarbeit mit der Hessischen Landwirtschaftlichen Versuchsanstalt, Darmstadt bestimmt [Schlüter 1990].

Abb. 3-11 Bestimmung der Strohart

3.4 Analyse der Kalkputze und Anstriche

Die Kalkputzschicht wird an geeigneter Stelle vorsichtig abgelöst, ihre Härte und innerer Zusammenhalt beurteilt. Besonders interessiert die Art der Haftung auf dem Untergrund, dessen Oberfläche zusammen mit der Putzrückseite untersucht wird. Zur Feststellung der Sandkörnung wird eine kleine Menge Putz in 100 %iger Salzsäure aufgelöst, der Sand gewaschen und nach Augenschein beurteilt. Es wird festgestellt, ob und wieviel Tierhaare oder sonstige Fasern zugemischt sind. Die Begutachtung von einigen Anstrichschichten hat nicht den Anspruch von Farbuntersuchungen, wie sie im Haus Römer bereits durchgeführt sind [Klein 1992]. Hier interessiert mehr die Anstrichtechnik. Dazu werden die Farben Schicht für Schicht freigelegt.

3.5 Dokumentation

Die Untersuchungsergebnisse und Beobachtungen wurden mit Hilfe von Protokollbögen für jede Schicht dokumentiert:

- Protokoll Kernfüllung, Lehmputz (18 Schichten)
- Protokoll Stakung, Geflecht (5 Gefache)
- Protokoll Anstrich, Feinputz (8 Putze)

Protokollbögen siehe Anhang.

4 Die untersuchten Gefache

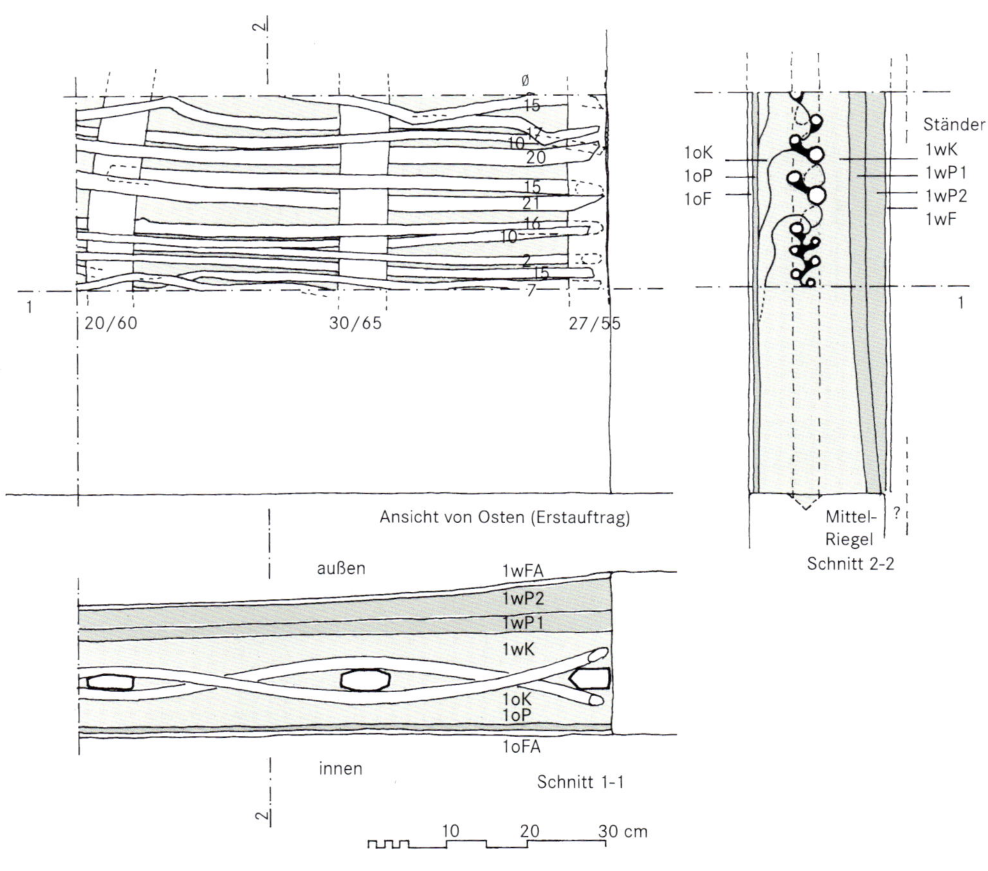

Gefach 1 (13. Jh.)

Datierung: 1289

Lage: westliche Außenwand im 2. OG, nördlicher Raum, oberer Wandteil über Mittelriegel

Größe: 1,70 x 1,25 m

Größe der entnommenen Probe: 0,70 x 0,50 m

Gesamtdicke: in Gefachmitte 17 cm, am Rand bis 21 cm

Kernfüllungen:

1oK Erstauftrag der Kernfüllung von Osten (innen), aus rötlich-braunem Lehm, Dicke bis Stakenmitte ca. 6,5 cm

1wK westliche Kernfüllung (außen), gelbbrauner Lehm, Dicke bis Stakenmitte 5,5 bis 6 cm

Lehmputze:

1oP Strohlehmputz innen, gelbbrauner Lehm, 0,6 bis 1,0 cm dick

1wP1 Strohlehmputz außen, gelbbrauner Lehm, 1,5 bis 2,5 cm dick

1wP2 Strohlehmputz außen, brauner Lehm, 0,3 bis 5,0 cm dick

Feinputze (Kalk) und Anstriche:

1oF Kalkputz aus Haarkalkmörtel, innen, 0,4 cm dick

1oA Kalkanstriche in ca. 25 Lagen, z.T. hell grundiert, darüber neuzeitiche Schichten

1wF Kalk-Spreu-Putz außen, 0,3 bis 0,5 cm dick

1wA 1-4 Kalkanstriche unterschiedlicher Farbfolgen, in vier verschiedenen Bereichen, bis ca. 25 Farbschichten.

Abb. 4-1 Gefach 1 (13. Jh.) Flechtwerk und Auftragsschichten

Abb. 4-2
Gefach 1 (13. Jh.)
Flechtwerk und Erstauftrag 1oK

Abb. 4-3
Gefach 1 (13. Jh.)
Flechtwerk und Zweitauftragsseite 1wK

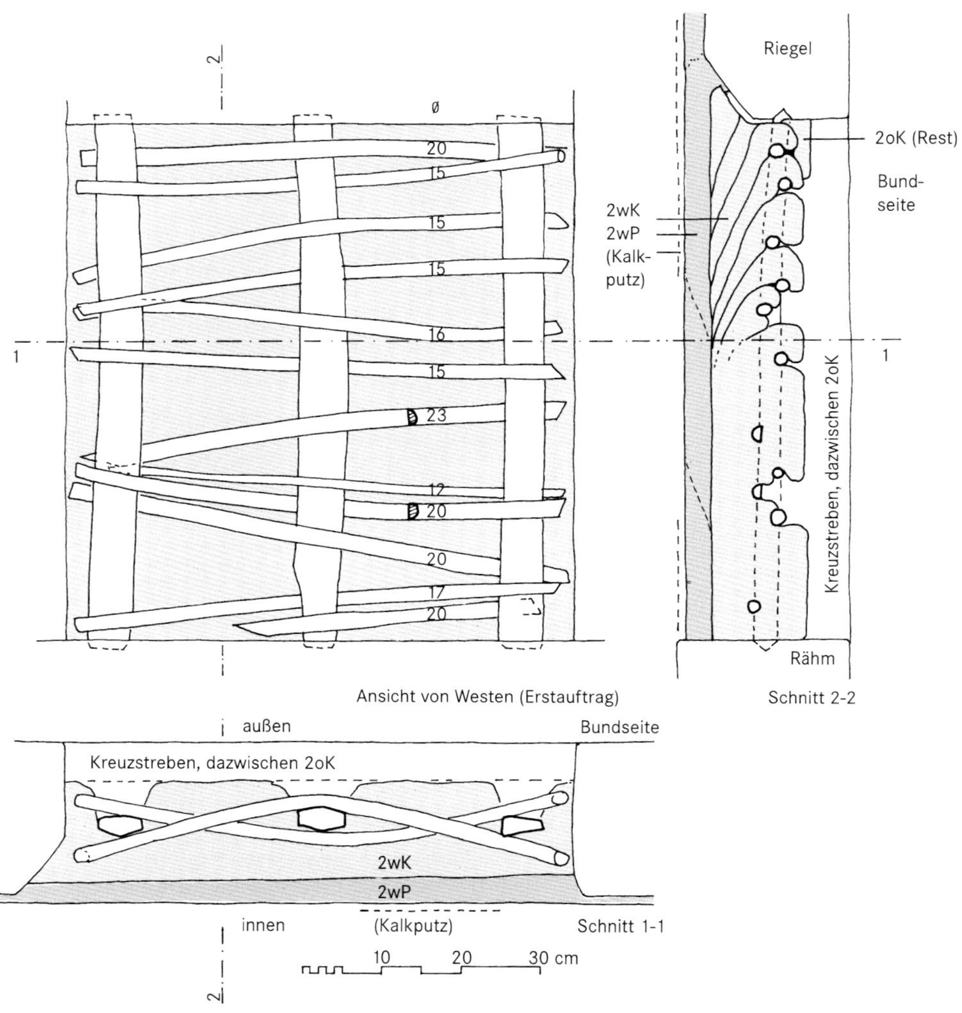

Gefach 2 (16. Jh.)

Datierung: 1583

Lage: östliche Außenwand im 2. OG, südlicher Raum, Gefach unter Fensterbrüstung mit gekreuzten Zierstreben

Größe: 0,65 x 0,65 m

Kernfüllungen:

2wK Erstauftrag der Kernfüllung von Westen (innen), rötlichbrauner Lehm, Dicke bis Stakenmitte 7,5 cm, durch Geflecht auf Gesamtdicke von ca. 13 cm durchgreifend (bis zur inneren Flucht der Kreuzstreben)

2oK östliche Kernfüllung (?), aus braunem Lehm, nur noch z. T. vorhanden, (unklar ob Reste einer Kernfüllung oder spätere Reparatur)

Lehmputze:

2wP Strohlehmputz über Balken, innen, gelbbrauner Lehm, 2,5 bis 3,5 cm dick

Feinputze und Anstriche: nicht mehr vorhanden.

Abb. 4-4 Gefach 2 (16. Jh.) Flechtwerk und Auftragsschichten

Abb. 4-5
Gefach 2 (16. Jh.)
Flechtwerk und Erstauftrag 2wK

Abb. 4-6
Gefach 2 (16. Jh.)
Flechtwerk Zweitauftragsseite 2oK

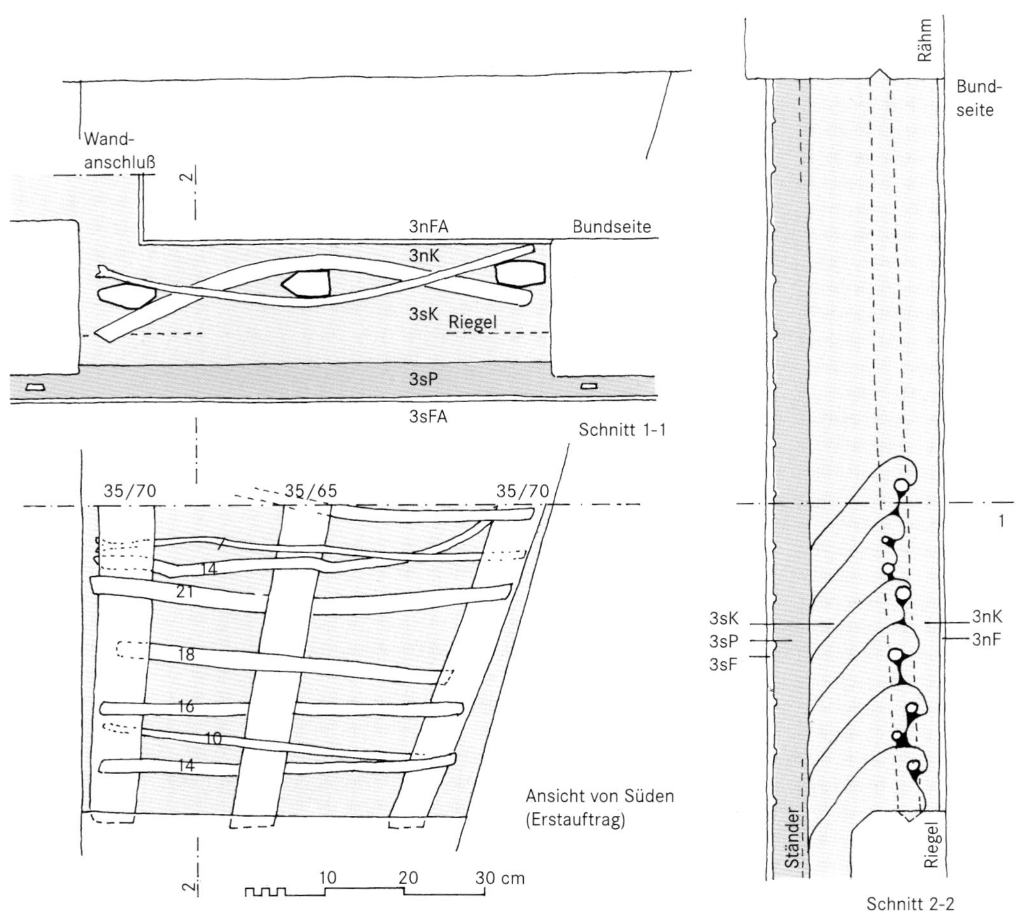

Gefach 3 (16. Jh.)

Datierung: 1583

Lage: traufparallele Mittelwand im Erdgeschoss, an Westwand des Treppenhauses angrenzendes Gefach über Mittelriegel

Größe: 0,76 x 0,95 m

Gesamtdicke: ca. 21,5 cm

Kernfüllungen:

3sK Erstauftrag von Süden, rötlichbrauner Lehm, Dicke bis Stakenmitte 10,0 bis 14,0 cm

3nK Zweitauftrag, brauner Lehm, Dicke bis Stakenmitte 3,5 bis 6,5 cm

Lehmputze:

3sP Strohlehmputz über Balken, brauner Lehm, Dicke 4 bis 5,5 cm

Feinputze und Anstriche:

3sFA Kalkputz aus Haarkalkmörtel, 0,3 bis 0,5 cm, ca. 15 Anstrichschichten, darüber und daneben neuzeitliche Schichten

3nFA Kalkputz, 0,2 bis 0,5 cm, 5 Kalkanstrichschichten, Kalkputzausgleich bis 0,1 cm, 7 Kalkanstrichschichten, darüber und daneben Putzausgleich und neuere Schichten

Abb. 4-7 Gefach 3 (16. Jh.) Flechtwerk und Auftragsschichten

Abb. 4-8
Gefach 3 (16. Jh.)
Flechtwerk und Erstauftrag 3sK

Abb. 4-9
Gefach 3 (16. Jh.)
Flechtwerk Zweitauftragsseite 3nK

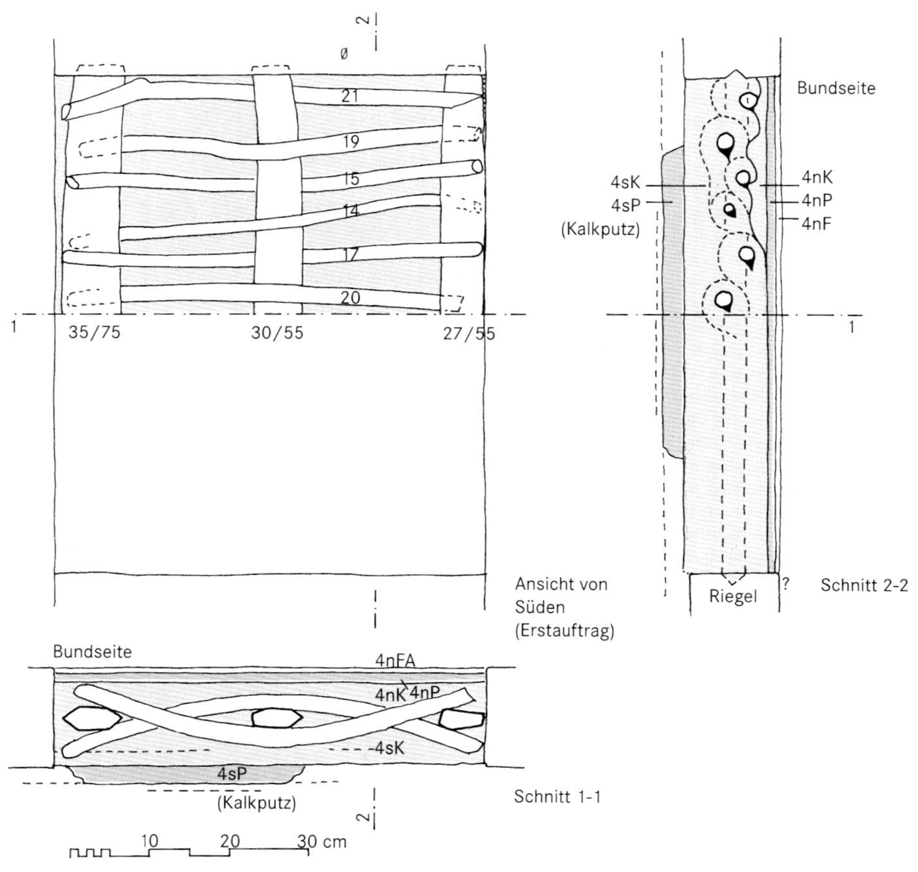

Gefach 4 (17. Jh.)

Datierung: 1660

Lage: traufparallele Mittelwand im Erdgeschoss, Mittelgefach neben Türe zum südöstlichen Zimmer

Größe: 0,55 x 0,65 m

Gesamtdicke: ca. 16,5 cm

Kernfüllungen:

4sK Erstauftrag von Süden, brauner Lehm, Dicke bis Stakenmitte ca. 7,5 cm

4nK Zweitauftrag, brauner Lehm, Dicke bis Stakenmitte ca. 4,5 bis 6,0 cm

Lehmputze:

4sP Lehmputz aus Flachsscheben, brauner Lehm, ca. 2,5 cm dick

4nP Strohlehmputz, brauner Lehm, 0,5 bis 1,7 cm dick

Feinputze:

4nFAa Kalkfeinputz aus Haarkalkmörtel mit Kalkanstrichen, in Resten erhalten, z. T überputzt durch:

4nFAb neuzeitlicher Kalkputz, Dicke 0,6 bis 1,1 cm
Auf der Südseite ist kein Feinputz erhalten.

Abb. 4-10 Gefach 4 (17. Jh.) Flechtwerk und Auftragsschichten

Abb. 4-11
Gefach 4 (17. Jh.)
Flechtwerk und Erstauftrag 4sK

Abb. 4-12
Gefach 1 (17. Jh.)
Flechtwerk Zweitauftragsseite 4nK

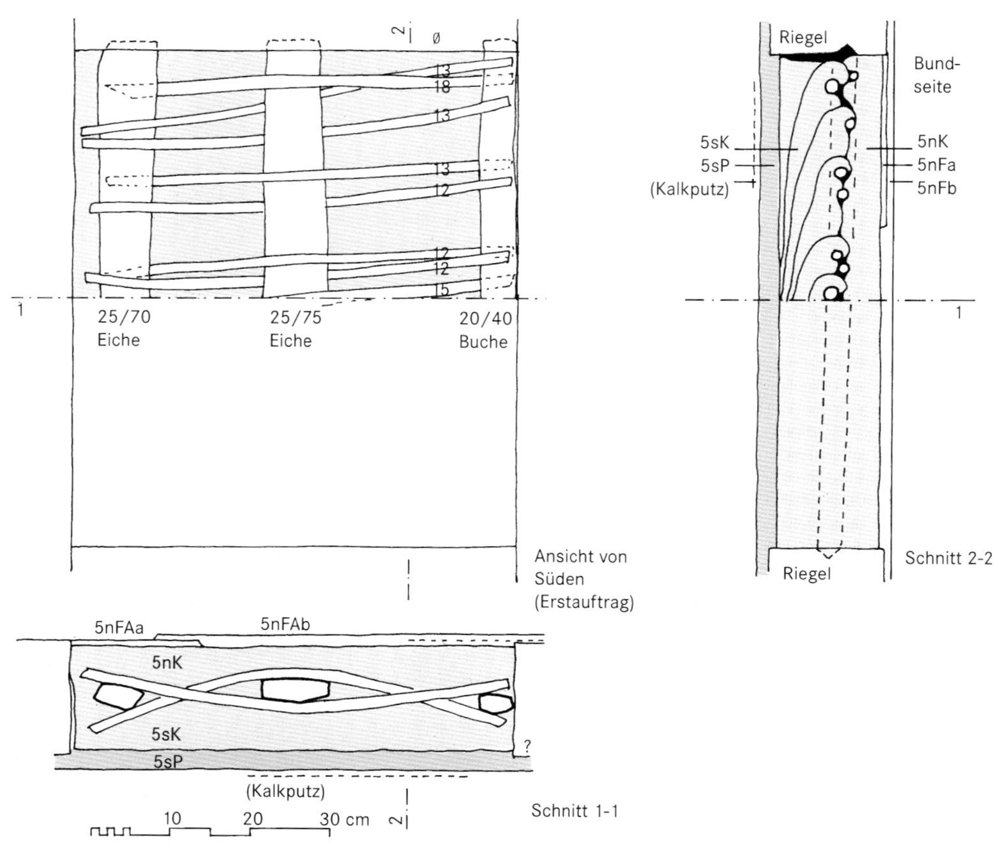

Gefach 5 (18. Jh.)

Datierung: ca. 1710

Lage: nördliche Eingangsflurwand im Erdgeschoss, Mittelgefach neben Türe zum nördlichen Zimmer.

Größe: 0,56 x 0,65 m

Gesamtdicke: ca. 17,5 cm

Kernfüllungen:

5sK Erstauftrag von Süden, brauner Lehm, Dicke bis Stakenmitte 6,0 bis 11,0 cm

5nK brauner Lehm, Dicke bis Stakenmitte 4 bis 5 cm

Lehmputze:

5sP Strohlehmputz, brauner Lehm, ca. 2,5 cm dick

Feinputze, Anstriche:

5nFAa älterer Kalkfeinputz mit Kalkanstrichen, 0,4 bis 0,8 cm, z. T. erhalten, überputzt durch:

5nFAb neuzeitlicher Kalkputz, 0,6 bis 1,2 cm
Auf der Südseite ist kein Kalkputz erhalten

Abb. 4-13 Gefach 5 (18. Jh.) Flechtwerk und Auftragsschichten

Abb. 4-14
Gefach 5 (18. Jh.)
Flechtwerk und Erstauftrag 5sK

Abb. 4-15
Gefach 5 (18. Jh.)
Flechtwerk Zweitauftragsseite 5nK

5 Untersuchungsergebnisse

5.1 Stakung und Geflecht

Die Staken sind senkrecht unten in Löcher gesteckt und oben in eine Dreikantnut eingetrieben. Staken und Ruten sind sehr gut erhalten, besonders wenn sie in Lehm eingebettet waren. In der Art des Flechtwerks unterscheiden sich die Gefache: Das älteste Gefach (1) ist aus dünnen Ruten sehr dicht in 2 bis 3 cm Mittenabstand geflochten, bei sehr großem Stakenzwischenraum (25 cm); das jüngste ebenfalls mit dünnen Ruten, aber weit geflochten (4 bis 8 cm). Beim Gefach 4 (1660), das in vieler Hinsicht eine besonders qualitätvolle Ausführung zeigt, sind die Ruten kräftig und in gleichmäßigem Abstand von 5 bis 8 cm parallel eingezogen – in Entsprechung zu der hier ausgeführten Wickeltechnik.

5.1.1 Staken

Die Staken sind in allen untersuchten Gefachen wie regional üblich senkrecht angeordnet. Zur Verspannung der Ruten sind im Gefach mindestens drei Staken vorhanden, bei einer üblichen Gefachbreite von 50 bis 70 cm. Bei breiteren Gefachen, z. B. dem ältesten Gefach 1 mit 1,70 m Breite, ist die Stakenanzahl entsprechend erhöht, damit ihr Abstand nicht zu groß wird. Der Mittenabstand der Staken liegt zwischen 20 und 30 cm.

Die Staken sind aus gespaltenem Eichenholz, nur bei dem ältesten Gefach 1 aus Buche (z. T. mit Rinde). Bei dem jüngsten aus dem 18. Jh. hat man vielleicht alte Staken wiederverwendet: sie sind sehr verschieden in Querschnitt und Holzart. Auch die ältesten Staken sind sehr gut erhalten, nur vereinzelt gibt es Holzwurmgänge. Die Querschnitte sind durch das Spalten unregelmäßig. Zu erkennen ist aber, dass man flache bis ovale Querschnitte angestrebt hat, mit schiffsbugförmigen Anspitzungen, um das Einflechten der Ruten zu erleichtern und Bruch zu vermeiden. Manche Ruten sind aber trotzdem angebrochen. Die Staken sind etwa 25 – 30 mm dick, manchmal auch dünner oder dicker. Ihre Breite reicht meistens von 60 bis 70 mm.

Die Stakung ist im Gefach nicht mittig, sondern oft so angeordnet, dass für die Seite des Erstauftrags mehr Raum bleibt (s. 5.2.10). Seitlich sind die Staken nicht ganz an den Gefachrand gesetzt, sondern lassen etwas Luft. Der vielleicht beabsichtigte Effekt ist, dass hier der Strohlehm durchgreifen kann, die Kernfüllung am Rand nicht geteilt ist, die Haftung der Aufträge am Rand besser ist. Zwischen den Staken ergibt sich ein lichter Abstand von etwa 20 bis 25 cm, bei 4 und 5, den jüngeren, schmaleren Gefachen, weniger. Unten stecken die Staken in gestemmten Löchern, oben sind sie in eine Dreikantnut eingetrieben. Sie sind dazu über ihre Breite mit dem Beil in der Form eines steilen Sattel- bis Walmdaches angespitzt. Die im Schnitt dreikantigen Löcher sind im allgemeinen etwa 3 cm breit, 6 cm lang und 1 cm tief. Nur beim ältesten Gefach sind sie breiter (5 cm) und tiefer (2 cm), vielleicht auch wegen der größeren Höhe des Gefachs. Die oberen Nuten sind im Schnitt ähnlich dimensioniert wie die unteren Löcher.

5.1.2 Flechtruten

Die Flechtruten sind aus verschiedenen Holzarten, auch innerhalb eines Gefachs. Ihre Bestimmung ist nicht ganz einfach. Bei den alten Gefachen 1, auch 2 und 3, kommen Rotbuche oder Hainbuche in Frage, vereinzelt auch Birke (1) und Pappel oder Weide (3 und 5). Bei 4 und 5 dürfte es sich um Haselnuss handeln [Grönlund 1990]. Der Querschnitt ist rund, nur bei Gefach 2 gibt es auch gespaltene Ruten, mit über 20 mm Durchmesser. Das Spalten erleichtert das Einflechten dickerer Ruten und macht sie damit mitverwendbar.

Der Erhaltungszustand der Ruten ist sehr gut, besonders derjenigen aus Buche und Haselnuss. Bei 1 und 4 wirken sie erstaunlich frisch, vielleicht, weil sie ringsum ohne Hohlräume in Lehm eingebettet waren (Abb. 5-1). Bekanntlich konserviert (trockener) Lehm eingeschlossenes Stroh und Holz. Wurmfraß gibt es nur dort, wo innere Lufthohlräume das Eindringen von Insekten ermöglichten. Wenige angebrochene Ruten wechselte man bei 3 und 5 nicht aus. Im Durchschnitt sind die Ruten 10 bis 20 mm dick. Schwächere Ruten (i. M. 14 mm) gibt es bei den Gefachen 1, 3 und 5, kräftigere (i. M. 17 mm) bei 2 und 4. Die Ruten sind mit einem kräftigen, meist schrägen Beilhieb abgelängt.

5.1.3 Flechtwerk

Im Abstand zwischen den Ruten unterscheiden sich die Gefache. Gefach 1 (13. Jh.) zeigt ein sehr enges Flechtwerk mit gleichmäßigen Mittenabständen von i. M. 24 mm. Zwischen den Ruten bleiben am Kreuzungspunkt im Durchschnitt nur fingerdicke Abstände. Bei den Gefachen 2, 3 und 4 (16. u. 17. Jh.) ist der Abstand mit im Durchschnitt 50 bis 56 mm mehr als doppelt so groß. Ihr lichter Abstand ist am Kreuzungspunkt im Durchschnitt etwa 37 mm (Handrückenstärke). Bei den Gefa-

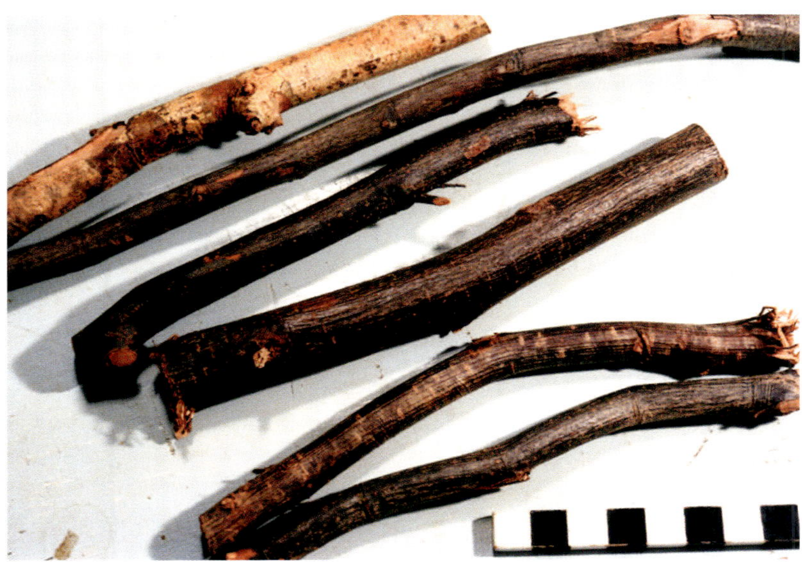

Abb. 5-1
Gut erhaltene Flechtruten des Gefachs 1 von 1289

chen 2 und 3 sind die Abstände sehr unterschiedlich. Eine Erklärung kann das Verrutschen beim Einbringen und Durchdrücken der hier sehr großen Auftragsstücke sein. Es fällt aber auch der Wechsel von großen und kleinen Zwischenräumen auf, der vielleicht nicht zufällig ist. Bei Gefach 2 sieht es fast so aus, als ob man abwechselnd links und rechts die Ruten zusammengedrückt hat, um noch größere Strohlehmportionen auf und zwischen die Ruten einzubringen.

Abb. 5-2
Großer Stakenabstand - gute Haftung von 1wK

Abb. 5-3
Kleiner Stakenabstand - schlechte Haftung von 3nK

Bei Gefach 4 dagegen sind die Abstände gleichmäßig, fast parallel, in Entsprechung zu der hier ausgeführten Wickeltechnik. Gefach 5 hat wieder im Durchschnitt geringere Abstände (43 mm). Die Unregelmäßigkeiten zeigen hier, dass dünne Ruten dichter geflochten werden müssen, damit sie beim Auftrag nicht abrutschen. Da sie weniger Spannung und Reibungsdruck auf die Staken ausüben, können sie weniger tragen, die Last muss auf mehr Ruten verteilt werden.

Bei der Beurteilung der Rutenabstände, die für ein genügendes Eingreifen des Strohlehms vielleicht zu gering erscheinen, besonders bei Gefach 1, ist die Räumlichkeit des Flechtwerks zu berücksichtigen: Durch die abwechselnd nach vorne und nach hinten gebogenen Ruten gibt es nur an den Kreuzungspunkten den hier ermittelten Abstand. Da von hier aus jeweils nur die Hälfte der Flechtruten nach vorne bzw. nach hinten läuft, wirkt der Abstand zu den Staken hin verdoppelt. Das heißt, dass in diesen Bereichen der Strohlehmauftrag besser eingreifen kann. Insofern zeigt sich, dass für eine gute Haftung der Kernfüllungen zwar ein genügender Flechtrutenabstand wichtig ist, aber auch ein genügender (lichter) Abstand zwischen den Staken, denn nur zwischen den Staken kann der Auftrag eingreifen. Die schlechtere Haftung bei 3 und 5 hat deshalb auch mit den geringen Stakenabständen zu tun (12 bis 20 cm), die gute Haftung bei 1 und 2 mit großen (20 bis 25 cm). Wichtiger noch für eine gute Haftung zeigt sich aber die Art der Auftragsmethode und die Qualität der Ausführung.

5.2 Kernfüllungen

Als Kernfüllung bezeichnen wir die auf das Flechtwerk von beiden Seiten aufgebrachten Strohlehmaufträge. Bei allen Gefachen ist zuerst von einer und dann von der anderen gearbeitet worden, Erstauftrag und Zweitauftrag unterscheiden sich wesentlich.

Für den Erstauftrag sind Strohlehmpatzen reihenweise schräg aufeinandergelegt und dabei auf und zwischen die Flechtruten eingedrückt. Die Haftung im Flechtwerk hängt davon ab, wie weit die Ruten umschlungen sind. Die Größe der Auftragsstücke und die Art ihres Eingreifens lässt darauf schließen, dass sie mit den Händen eingearbeitet sind. Ein Auftrag mit Brett oder Kelle ist unwahrscheinlich, ebenso eine Wurftechnik.

Die Zweitaufträge sind bei allen Gefachen in geringerer Stärke erst nach dem Trocknen des Erstauftrags erfolgt, um diesen nicht wieder vom Geflecht abzudrücken. Sie haften umso besser, je mehr der Erstauftrag durch die Rutenzwischenräume quillt. Manche Zweitaufträge ähneln einer Putzschicht, wahrscheinlich ist mit dem Brett aufgetragen und verrieben worden. Die Kernfüllung des Gefachs 4 (1660) stellt eine Ausnahme dar: Sie ist sehr sorgfältig in einer besonderen Wickeltechnik ausgeführt. Die Patzen sind hier vollständig um die Flechtruten geschlungen. Es wird eine kaum zu übertreffende Verbindung mit dem Flechtwerk erreicht. Der Zweitauftrag ist gleichzeitig oder wenig später mit ähnlicher Lehmzusammensetzung aufgebracht, hier festigt und verdichtet er den Erstauftrag.

Immer ist die größere Dicke des Erstauftrags erkennbar, nicht nur, weil er in und durch das Flechtwerk tiefer eingreift, sondern auch, weil die Stakung deutlich außermittig angeordnet ist. Auf der Bundseite des Fachwerks liegt der dünnere, putzähnliche Zweitauftrag, während von der »Rückseite« der gröbere und dickere Erstauftrag eingebracht ist.

Strohlehm ist in der Regel sehr weichplastisch aufgetragen. Dies ist an breiig umhüllten Strohhalmen an inneren Hohlräumen und den typischen Verstrichspuren an der Oberfläche gut zu erkennen. Trotz des Handauftrags sind die Oberflächen sehr eben, d. h. sie wurden wahrscheinlich durch Schlagen, »Patzschen« mit dem Brett fluchtrecht abgeglichen und zum Schluss verstrichen.

Trotz nasser Verarbeitung gibt es bei den Kernfüllungen so gut wie keine Trockenschwindung. Weder an den Gefachrändern, noch an der Oberfläche gibt es Schwindrisse. Nur am oberen Gefachrand und nur bei den Erstaufträgen gibt es Setzspalten in der Größenordnung von 1 - 2 %, beim gewickelten Gefach von nur 0,5 %. Die Zweitaufträge zeigen - putzähnlich - weder Schwindrisse noch Setzspalten.

5.2.1 Erstaufträge

Bei allen Gefachen ist erkennbar, dass der Erstauftrag in größerer Dicke als der Zweitauftrag ausgeführt wurde (Abb. 5-36). Die Stakung und das Flechtwerk ist entsprechend außermittig im Fachwerk angeordnet. Die Seite des Erstauftrags ist bei Außenwänden von innen (1 und 2), bei Innenwänden von der »Rückseite« des Fachwerks. Das Auftragsprinzip der Erstaufträge ist mit Ausnahme des Gefachs 4 ähnlich, allerdings mit erheblichen Qualitätsunterschieden, besonders was das Eingreifen, die Verzahnung im Flechtwerk betrifft: Die Aufträge 1oK, 2wK sind besser im Geflecht verzahnt als 3sK und 5sK. Das Auftragsprinzip ist Folgendes:

Große Auftragsstücke aus Strohlehmpatzen, etwa 25 x 25 cm groß, sind unten beginnend, reihenweise aufeinander gelegt, dabei auf bzw. zwischen die Flechtruten eingedrückt. Die Dicke der Auftragspatzen entspricht in etwa dem Flechtrutenabstand, bei den Proben 2, 3 und 5 im Mittel etwa 5 cm. Bei 1oK sind die Patzen allerdings bis zu 9 cm dick, bei einem Flechtrutenabstand von im Mittel nur 2,5 cm. Ein Patzen greift zwischen mehrere Ruten ein. Die Größe der Auftragspatzen korrespondiert mit der Schnittlänge des Strohs, im Mittel etwa 20 bis 25 cm. Die Patzen liegen in etwa 45 Grad schräg aufeinander, eine Geometrie, die sich aus der Art des Auftrags ergibt: Im Prinzip sind die Patzen an ihren oberen Enden an die Rute gehängt.

Bei den erstaunlich großen Auftragsstücken können wir uns nur einen Auftrag mit der Hand vorstellen. Die oberen Enden sind zwischen die Ruten und Staken gedrückt. Bei der schlechteren Haftung von 3sK und 5sK scheinen die Patzen nur an die Ruten angedrückt. Nur über der Rute lappen sie etwas über, unter der Rute quellen sie nur wenig vor. Immerhin sind bei 3sK, wenn der Rutenabstand gelegentlich größer ist, die Patzen über die Ruten geschlungen, mit dem Effekt einer stellenweise größeren Haftung. Bei den besseren Ausführungen, 1oK und 2wK, mit sehr guter Verzahnung, greifen die Patzen mehrere Zentimeter auf die andere Seite über und in voller Höhe des Rutenabstands.

Abb. 5-4
Erstauftrag Gefach 1oK

Abb. 5-5
Erstauftrag Gefach 1oK,
Auftragspatzen

Abb. 5-6 Erstauftrag Gefach 1oK

Abb. 5-7 Erstauftrag Gefach 1oK

Abb. 5-8 Erstauftrag Gefach 2wK

Abb. 5-9 Erstauftrag Gefach 2wK

Abb. 5-10
Erstauftrag Gefach 3sK

Abb. 5-11
Erstauftrag Gefach 3sK

Abb. 5-12
Erstauftrag Gefach 3sK

Abb. 5-13
Erstauftrag Gefach 3sK,
Auftragspatzen

Abb. 5-14
Erstauftrag Gefach 5

5.2.2 Zweitaufträge

Zweitaufträge sind regelmäßig in geringerer Stärke aufgetragen und mit Sicherheit erst nach dem Antrocknen, wenn nicht vollständiger Durchtrocknung des Erstauftrags. Die geringere Stärke kann damit erklärt werden, dass der Auftrag nur oder zum größten Teil auf der rückseitigen Lehmoberfläche des Erstauftrags haften kann, weniger auf und zwischen den Ruten, die zum größten Teil schon belegt sind. Eine zu dicke Schicht würde schon bei der Arbeit wegen ihres Eigengewichtes abfallen. Manche Zweitaufträge unterscheiden sich kaum von einer Strohlehmputzschicht, das Stroh zeigt sich ineinander verfilzt, Auftragsmengen sind nicht erkennbar.

Bei 3nK und 5nK ist die Haftung ausgesprochen schlecht: Schon beim Einsumpfen für den Auflöseversuch wären sie ohne vorherige Sicherung abgefallen. Hier ist das rückseitige Relief des Erstauftrags sehr flach. Bei 1wK finden sich wegen des dichteren Rutenabstands genug Rutenstücke auf der Rückseite, die nicht vom Erstauftrag belegt sind (auch im Bereich der Staken), die Haftung ist deshalb ebenso gut wie die des Erstauftrags (Abb. 5-36).

Zeitpunkt des Zweitauftrags

Die vom Erstauftrag abweichende Lehmzusammensetzung, deutlich erkennbar an der anderen Lehmfarbe (Gefache 1, 2 und 3) oder andere zufällige Einschlüsse, z. T. auch eine andere Schnittlänge des Strohs zeigen – wieder mit Ausnahme des Gefachs 4 –, dass der Zweitauftrag nicht gleichzeitig mit dem Erstauftrag angebracht wurde. Man hat das Trocknen des wesentlich dickeren Erstauftrages abgewartet, was auch sinnvoll erscheint. Also wurde auch der Strohlehm zu einem späteren Zeitpunkt aufbereitet, evtl. mit einer anderen Lehmlieferung oder auf einem anderen

Abb. 5-15
Unterschiedliche Lehme für Kernfüllungen Gefach 1

Abb. 5-16
Schnitt Gefach 5

Mischplatz. Dass man bei den alten Gefachen 1,2,3 für den Erstauftrag regelmäßig (?) roten Lehm und für den zweiten braunen verwendet hat, kann vielleicht auch mit der etwas höheren Bindekraft des roten Lehms erklärt werden (s. Kap. Bindekraft). Denkbar sind aber auch ästhetische Gesichtspunkte, da die Räume zunächst unverputzt blieben.

Ein sicheres Indiz für den späteren Zweitauftrag findet sich auch beim jüngsten Gefach 5: Der 6 bis 11 cm dicke Erstauftrag ist durch sein Eigengewicht und wegen geringer Verklammerung mit dem (schwachen) Flechtwerk um fast 1 cm abgesackt (Abb. 5-16). Die Setzspalte am oberen Riegel ist durch den Zweitauftrag ausgefüllt. Bei allen Gefachen außer 4 ist der Erstauftrag an den Ruten durch den Zweitauftrag überdeckt.

5.2.3 Ausnahme: Gefach 4

Würde man aus den bisherigen Feststellungen folgern, dass die Sorgfalt in der Ausführung der Kernfüllungen im Verlauf der Jahrhunderte mehr und mehr abnahm, so widerlegt das Gefach 4 (17. Jh.) diese These. Der Strohlehm ist hier so fest ineinander verfilzt und mit dem Flechtwerk verbunden, dass es beim Auflöseversuch zunächst schwierig war, irgendein Auftragsprinzip zu erkennen. Auch hier gibt es den dickeren Erstauftrag 4sK (ca. 7,5 cm bis Stakenmitte), nur sind die Strohlehmpatzen vollständig um die Flechtruten geschlungen – mit der Besonderheit, dass die Patzen auch unter den Ruten auf die andere Seite greifen und sich hier mit den oberen Enden wieder verbinden. Der gesamte Auftrag ist ca. 9 cm dick. Jeder Patzen umschlingt die Flechtrute vollständig. Von der bekannten Wickeltechnik unterscheidet sich der Auftrag aber insofern, als der Strohlehm nicht spiralförmig um die Ruten gewickelt ist (Abb. 5-24). Dies wäre bei den bereits eingezogenen Flechtruten auch etwas mühsam. Die Ausführung ähnelt eher den Beschreibungen Reuters: »Auf den waagrechten Ruten ist der Strohlehm ›Patzen auf Patzen‹ dicht nebeneinander aufgelegt, gepresst und gewickelt, bevor er nach kräftigem ›Patzschen‹ mit der ›Glättscheibe‹ geglättet wurde« [Reuter 1919]. Während Reuter in einer Zeichnung einen abwechselnden Drehsinn der Wickelung andeutet und erwähnt, dass die Ruten mit dem Arbeitsfortschritt eingezogen werden, sind in Limburg alle Patzen von einer Seite aufgelegt und über die bereits eingezogenen Ruten auf die andere Seite gewickelt. Die unebene Oberfläche der Arbeitsseite ist mit Strohlehm abgeglichen, dessen Stroh mit der Kernfüllung verfilzt ist, es wurde also nass in nass gearbeitet. Als Putz kann diese Schicht nicht bezeichnet werden. Der 4,5 bis 6 cm dicke Auftrag von der Rückseite (4nK) haftet auf der Wickelung so gut, dass man davon ausgehen kann, dass er ebenfalls gleichzeitig oder wenig später auf die noch frische Lehmoberfläche von 4sK aufgebracht wurde. Auch die fast gleiche Lehmzusammensetzung deutet darauf hin (Abb. 5-20).

Abb. 5-17 Schnitt Gefach 4, Aufträge homogen mit dem Flechtwerk verzahnt

Abb. 5-18
Zweitauftrag Gefach 4nK,
unebene Oberfläche wird durch Lehmausgleichsputz 4nP geglättet

Abb. 5-19
Zweitauftrag Gefach 4nK,
Abnahme der Aufträge

Abb. 5-20
Zweitauftrag 4nK
abgelöst, Rückseite des Erstauftrags
Gefach 4sK

Abb. 5-21
Erstauftragsseite Oberfläche 4sK,
unebene Oberfläche wird durch Lehmputz
4sP geglättet

Abb. 5-22
Erstauftrag 4sK,
Abnahme der gewickel ten Aufträge

Abb. 5-23
Erstauftrag 4sK,
Auftragsstück der Wickelung

Abb. 5-24 Umwickelung der Flechtruten 4sK

5.2.4 Werkzeug und Verarbeitung

›Zu dem Auftragen des Lehms auf die Wände werden Lehmhaken und ein hölzernes Handbrett benutzt‹ [Grebe 1943, S. 381]. Über das beim Kernfüllungsauftrag verwendete Werkzeug erlauben die Befunde nur Vermutungen. Die z. T. stattlichen Auftragspatzen der *Erstaufträge* wurden möglicherweise mit einem Lehmhaken oder mit kurzstieligen Gabeln aus dem Vorrat gezogen und in der Wand mit den Händen verarbeitet, worauf die gute Verzahnung mit dem Flechtwerk hindeutet, besonders bei Gefach 4. Bei den anderen Gefachen 1 - 3 und 5 wäre auch ein Bewerfen denkbar, von unten nach oben, Reihe auf Reihe, worauf die Schräglage der einzelnen Patzenreihen hindeuten könnte. Andererseits sind die Auftragsportionen teilweise sehr groß, was gegen die Wurftechnik spricht. Das Geflecht würde bei jedem Anprall in so starke Vibrationen geraten, dass sich bereits aufgetragene Stücke wieder lockern würden. Außerdem könnten die Patzen ohne Nachhilfe mit den Fingern nicht so weit über die Flechtruten durchgreifen. Aus diesen Gründen dürfte für die Erstaufträge auch ein Auftrag mit dem Brett ausscheiden.

Die *Zweitaufträge* sind bei 1 und 3 innerhalb der Schicht verfilzt, bei 4 und 5 dagegen sind Auftragspatzen bzw. -schichten (4) erkennbar. Wahrscheinlich ist in allen Fällen der Auftrag mit Hand oder Brett.

Wenigstens der Wickeltechnik des Gefaches 4 ähnelt eine Beschreibung Reuters: ›Wurden mit Hand und Faust schon während des ›Wickelns‹ die Lehmflächen annähernd geglättet, so werden jetzt nachträglich die vorhandenen Ungleichheiten durch ›Verschmieren‹ mit einem Gemenge von Lehm und Spreu ausgeglichen und mit einer Glättscheibe geebnet: Einem etwa 12 - 14 cm breiten und 20 - 24 cm langen Brettchen mit einer scharfen und mit einer stumpfen Längskante und Griff. Die scharfe Kante dient zum Einpressen des Lehms längs den Fachgrenzen.‹ [Reuter 1919, S. 105]

5.2.5 Auftragsrichtung, Reihenfolge

Bei allen Erstaufträgen wurde von unten nach oben aufbauend gearbeitet, die oberen Patzen überdecken immer die unteren. Innerhalb der ein-

Abb. 5-25 Lehmschlag: Ebene Kernfüllungsoberfläche Gefach1

Abb. 5-26 Lehmschlag: Flache Einschlüsse parallel zur Oberfläche Gefach 2

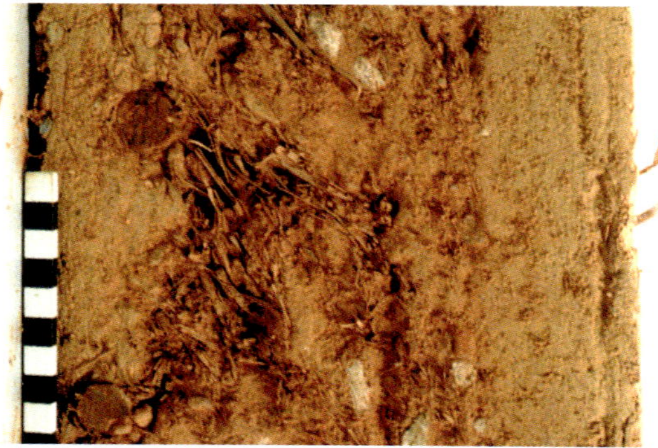

Abb. 5-27 Lehmschlag: Oberflächenbereich verdichtet, Kernbereich locker, Schnitt Gefach 3

zelnen Reihen wurde mal rechts, mal links angefangen. Bei den Zweitaufträgen ist die Auftragsrichtung wegen der Verfilzung nicht erkennbar, nur bei 4nK wurde eindeutig von unten nach oben gearbeitet.

5.2.6 Lehmschlag?

Die relativ ebenen Oberflächen der Kernfüllungen und deutlich erkennbare Verstrichspuren bei den unversehrten Oberflächen lassen auf die Verwendung der »Glättscheibe« oder eines »Lehmhandbrettes« schließen. Fingerspuren sind dagegen nirgends zu finden. Das Verstreichen und Glätten von so großen Auftragsstücken zu ebenen Flächen erscheint aber nicht ohne Weiteres möglich, auch wenn der Strohlehm weichplastisch verarbeitet worden ist. Wir können deshalb annehmen, dass der Auftrag vor dem Verstreichen mit dem Brett geschlagen »gepatzscht« wurde (s. o.). Die Unebenheiten der zähplastischen Strohlehmoberfläche können wegen des hohen Strohanteils eher durch Schlagen als durch »Verziehen« ausgeglichen werden. Strohlehm ist nicht mit Putz zu vergleichen. Auf das Schlagen der Oberflächen deuten auch zwei weitere Beobachtungen hin:

- An der Oberfläche sind grobe Einschlüsse wie Kalkmörtelbrocken, Steine, Schieferstücke immer mit ihrer jeweils flachen Seite sichtbar, wenn, besonders bei 1wK und 2wK, viele derartiger Einschlüsse vorhanden sind (Abb. 5-25, 5-26).
- Bei manchen Kernfüllungen, besonders bei dem relativ leichtesten (1100 kg/m³) und bis 14 cm dicksten Erstauftrag 3sK scheint die horizontale Verdichtung zur Oberfläche hin zuzunehmen. Im Flechtwerkbereich gibt es Hohlräume, lockere Stellen, an der Oberfläche nicht (Abb. 5-27).

5.2.7 Verstrichspuren

Deutliche Verstrichspuren sind auf den weichplastisch aufgetragenen Kernfüllungen 1 und 3 auf beiden Seiten zu erkennen, andeutungsweise auch auf 2wK (Abb. 5-28, 5-29). Es sind dies Spuren, die nur ein brettartiges Werkzeug auf einer noch nassen Lehmoberfläche hinterlässt. Bei 4 und 5 ist sehr magerer Lößlehm verwendet worden, so dass sich solche Spuren, falls es sie gab, nicht mehr ausmachen lassen.

Abb. 5-28
Verstrichene Kernfüllungsoberfläche Gefach 1wK

5.2.8 Plastizität des Auftrags

Erkennbar ist bei allen Kernfüllungen ein sehr weichplastischer Auftrag, das heißt der Strohlehm wurde mit reichlich Wasser aufbereitet. Nicht nur die Verstrichspuren an der Oberfläche (s. o.) deuten darauf hin, auch im Innern, an Hohlräumen im Bereich des Flechtwerks zeigen die Lehmoberflächen eine durch Trocknung konservierte breiige, manchmal fast flüssige Konsistenz (Abb. 5-30). Strohhalme sind in diesen Bereichen nicht in der Masse eingebettet, sondern freiliegend, nur von Lehmschlämme umhüllt. Diese Befunde zeigen, dass der Strohlehm hier ziemlich frisch und nass, d. h. auch ohne längere Maukzeit verarbeitet wurde.

Abb. 5-29
Verstrichene Kernfüllungsoberfläche Gefach 3nK

5.2.9 Schwindung, Setzspalten, Risse

Trotz des offensichtlich hohen Wassergehaltes der Aufträge, fast nass, ist die zu erwartende Schwindrissbildung im Innern und an der Oberfläche erstaunlich gering. Vereinzelte feine Schwindrisse gibt es nur bei 3nK, sonst nicht. Die Schwindung, Setzung des gesamten Gefachs ist bei allen *Erstaufträgen* deutlich geringer als es der weichplasti-

Abb. 5-30 Breiige Konsistenz, Inneres von 1oK

sche Auftrag vermuten ließe (Abb. 5-32). Am unteren und seitlichen Gefachrand ist so gut wie keine Volumenschwindung festzustellen, nur oben gibt es eine Spalte zum Holz, die aber nicht durch Schwindung, sondern durch Setzen des noch frischen Lehms unter Eigengewicht (unterstützt durch Vibrationen) entstehen kann (Abb. 5-31).

Die größeren Setzspalten bei Gefach 1 lassen sich durch den hohen Lehmanteil und damit große Eigengewicht erklären. 1oK hat mit 1480 kg/m^3 das höchste Raumgewicht. Die Fuge ist hier mit einem Spreu-Lehmgemisch aus rotem Lehm ca. 2 cm tief ausgefüllt und später bis zum oberen Rand mit 1oP überputzt. Bei Gefach 3 dürfte die Setzung mit der ungewöhnlich großen Auftragsstärke (nur bis Stakenmitte schon 10 bis 14 cm) erklärt sein. Die übrigen Gefache zeigen eine Setzung, wie sie bei Fachwerkbauten üblich ist. Bei 4sK ist sie am geringsten (Wickeltechnik).

Gefach	Setzspalte cm	Gefachhöhe cm	Setzmaß %
1oK	2,0	125	1,6 %
2wK	0,5	69	0,7 %
3sK	1,5	97	1,5 %
4sK	0,3	65	0,5 %
5sK	0,5	64,5	0,8 %

Abb. 5-31 Setzmaße der Erstaufträge

Die *Zweitaufträge* schließen dagegen auch oben an das Holz dicht an, jedenfalls bei 3nK und 4nK, den Proben, bei denen vor Ausbau die Rückseite einsehbar war. Aber auch bei den bereits ausgebauten Gefachen 2 und 5 ist deutlich der oben überstehende fugenfüllende Zweitauftrag zu erkennen. Die ausbleibende Setzung kann mit der geringeren Dicke der Zweitaufträge erklärt werden. Wie Putzschichten haften sie mehr auf dem Untergrund, als dass sie als Ganzes absacken.

5.2.10 Lage im Fachwerk

Es ist wohl kein Zufall, sondern Regel, dass bei allen Gefachen die Bundseite, also die »schönere« Seite mit bündigen Holzoberflächen, die Seite des dünneren, manchmal putzähnlichen *Zweitauftrags* (ohne obere Setzspalte) ist. Von Gefach 1 abgesehen, das auch in anderer Hinsicht eine Ausnahme darstellt, waren die Zweitaufträge direkt mit Kalk verputzt, nur bei 4n gibt es einen dünnen, 3 bis 17 mm ausgleichenden Lehmunterputz auf der (einzigen) unebenen Kernfüllung. Die Lehmoberfläche bleibt um die Stärke des balkenbündig ausgeführten Kalkputzes zurück, dies sind nur wenige Millimeter.

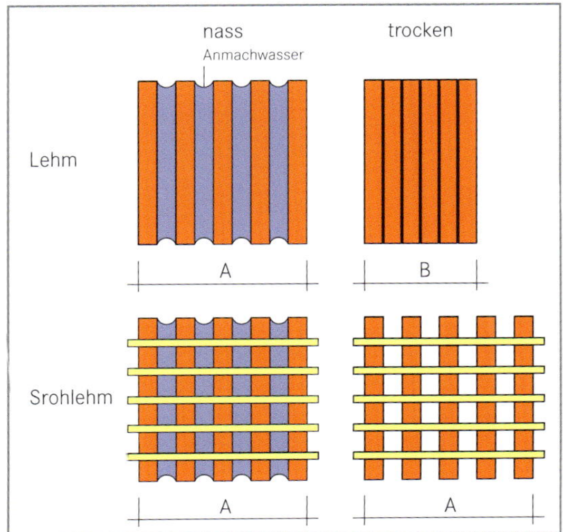

Abb. 5-32 Volumenstabilisierung durch Stroh

Der wesentlich dickere Erstauftrag wird dementsprechend in der Regel von der »Rückseite« des Fachwerks, der fehlkantigen Seite mit unterschiedlichen Holzstärken, eingebracht, bei Außenwänden ist dies die Innenseite. Wegen der z. T. sehr unterschiedlichen Holzstärken gibt es hier keine Flucht, auf die sich die Ebene des Lehmauftrags beziehen könnte. Meistens sind es die etwa gleich starken Ständer, hinter denen die Kernfüllung um 1 bis 2 cm zurückbleibt. Schwächere Riegel erscheinen bündig (2wK, 4sK) oder sind in der Kernfüllung eingebettet (3sK).

Die Rückseiten – Erstauftragsseiten – erhielten also in aller Regel einen mehrere Zentimeter dicken Strohlehmputz, der über Ständer und Riegel gezogen wurde und so eine ebene Wandfläche er-

Abb. 5-33 Große Setzspalte Gefach 1o

Abb. 5-34 Kleine Setzspalte Gefach 4s

gab, die dann mit Kalk verputzt wurde. Nur die mächtigen Schwellen und Rähme springen soweit vor (5 bis 8 cm), dass sie sichtbar bleiben (Abb. 5-37).

5.2.11 Oberflächen

Auf keiner Kernfüllung der untersuchten Proben gibt es den bekannten Kammstrich, oft in rautenförmigen Mustern in hessischen Fachwerkhäusern üblich (Abb. 5-63). Die Oberflächen sind in der Regel eben und fluchtrecht. Es sind keine besonderen Vorkehrungen zur Putzhaftung zu erkennen. Verstrichspuren deuten auf sehr nassen Auftrag hin (s. o.). Das Stroh liegt durch den Verstrich oft frei. Die Putzhaftung wird dadurch begünstigt.

Erst-aufträge	Auftrag von/bis cm	Zweit-aufträge	Auftrag von/bis cm
1oK	6,5	1wK	5,5
2wK	7,5	2oK	
3sK	10,0/14,0	3nK	3,5/6,5
4sK	6,0/8,5	4nK	4,5/6,0
5sK	6,0/11,0	5nK	4,0/5,0

* Die Erstaufträge sind in Wirklichkeit noch dicker, da sie durch die Stakung auf die andere Seite greifen. Die Zweitaufträge sind entsprechend dünner.

Abb. 5-35 Auftragsstärken der Kernfüllungen

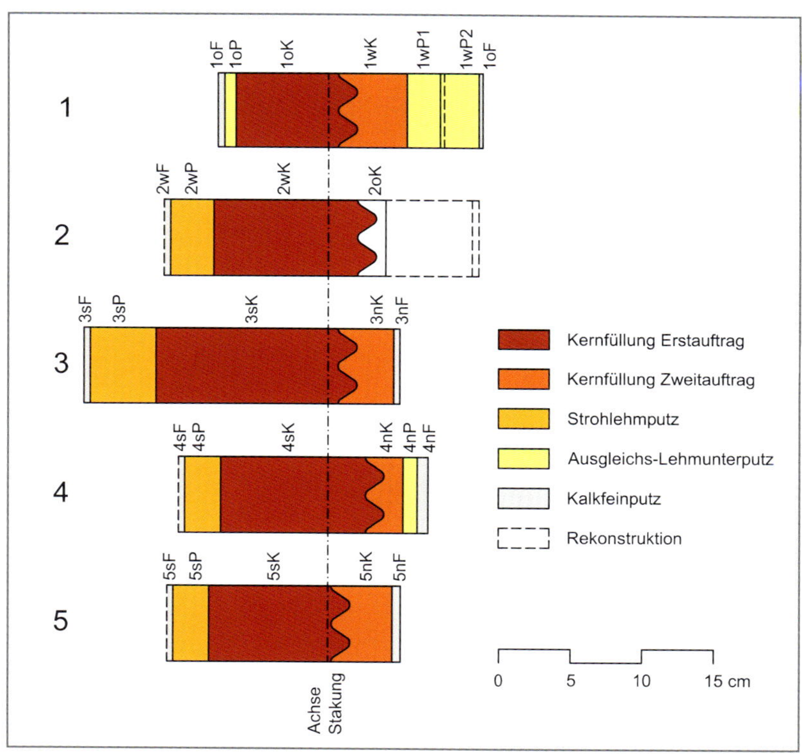

Abb. 5-36 Gefache im Vergleich, Auftragsstärken

Abb. 5-37
Lage im Fachwerk

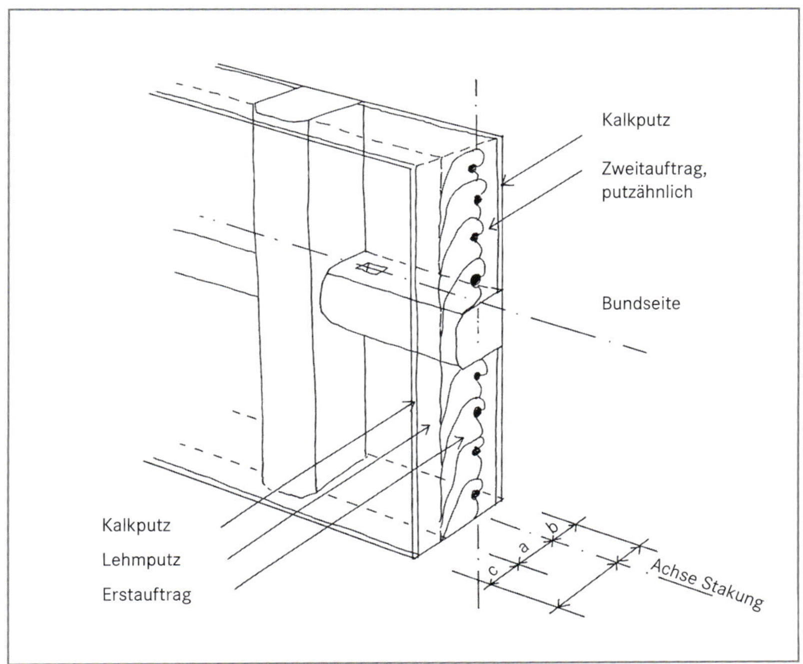

Abb. 5-38 Gefach 3 waagrechter Schnitt, Kernfüllungen und Lehmputz

Abb. 5-39 Gefach 3 senkrechter Schnitt, Kernfüllungen und Lehmputz

Abb. 5-40 Gefach 3 Zweitauftragsseite Sichtfachwerk

Abb. 5-41 Gefach 3 Erstauftragsseite mit balkenüberdeckendem Strohlehmputz

Alle Kernfüllungen ab 1583 (Proben 2 bis 5) scheinen sofort verputzt worden zu sein. Nur Gefach 1 (1289) war längere Zeit innen und außen unverputzt: Die rötliche Kernfüllung 1oK ist zum Innenraum schwarz verfärbt (Rußspuren?) und die äußere gelbbraune (über einem roten Tonanstrich) durch Staubablagerungen ebenfalls. Hier liegen die Strohhalme nicht an der Oberfläche frei, sie sind beim Verstrich durch eine dünne Lehmschicht überdeckt. Wie lange 1oK und 1wK unverputzt blieben, ist unklar.

Abb. 5-42 Oberfläche Gefach 1wK

Abb. 5-43 Oberfläche Gefach 1oK

Abb. 5-44 Oberfläche Gefach 2wK

Abb. 5-45 Oberfläche Gefach 3nK

Abb. 5-46 Oberfläche Gefach 3nK

Abb. 5-47 Oberfläche Gefach 4sK

5.3 Lehmputze

Alle untersuchten Lehmputze dienten als Unterputz für Kalkputz. Bis 5 cm dicke Strohlehmputze stellen auf der unebenen Rückseite des Fachwerks, der Nicht-Bundseite eine ebene Wandfläche für den dünnen Kalkputz her. Die rückseitig ungleichmäßig behauenen Ständer und Riegel unterschiedlicher Stärke werden überdeckt. Dünne Ausgleichsputze glätten die unebene Kernfüllung (4nP) oder sind Unterputz für den folgenden Kalkputz, wobei vielleicht bewusst die Feuchtigkeitsspeicherung des Lehms für ein langsames Abbinden des Kalkes genutzt wurde (1oP).

5.3.1 Aufgabe der Lehmputze

Die Lehmputze der untersuchten Gefache blieben nie sichtbar, sondern waren immer mit Kalk verputzt. Unterscheiden kann man zwei Arten von Lehmputzen: Dünne Ausgleichsputze (1oP, 4nP) und dicke balkenüberziehende Strohlehmputze (2wP, 3sP, 4sP, 5sP?) (Abb. 5-48).

Die *Strohlehmputze* sind in einer Dicke von etwa 2 bis 5 cm aufgetragen. Sie haben vor allem die Aufgabe, eine ebene Wandfläche herzustellen, z. B. auf der Rückseite des Fachwerks, wo die Holzoberflächen nicht immer in einer Ebene liegen. Über dem Holz sind sie Putzträger für den Kalkputz. Dies wird erreicht durch eine Strohlehmmischung aus bis zu 30 cm langem Stroh. Im Balkenbereich ist die bis 4 cm dicke, noch frische Putzschicht mit ein bis zwei gespaltenen Weidenruten (5 x 20 mm) angenagelt. Diese sind vertieft im Lehm eingeputzt und stören den darüberliegenden Kalkputz nicht (3sP) (Abb. 5-49). Diese Technik wurde auch bei Deckenbalken angewandt (Abb. 5-50). Bei Außen-

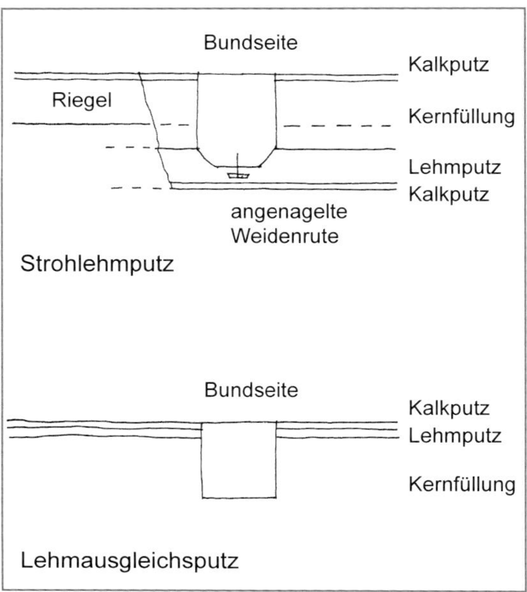

Abb. 5-48 Aufgabe der Lehmputze

wänden verbessert eine solche durchgehende Putzschicht den Wärmeschutz, indem die Fugen zwischen Holz und Lehm winddicht gegen Zugluft abgedeckt sind.

Die beiden dünnen *Ausgleichsputze* bei 1oP und 4nP liegen zeitlich weit auseinander und erfüllen unterschiedliche Aufgaben: 1oP wurde erst viel später auf die lange freiliegende Kernfüllung aufgebracht und zwar offensichtlich in einer interessanten Nass-in-Nass Technik mit dem darüberliegenden Kalkputz 1oF, dessen gröbere Zuschläge in die nasse Lehmoberfläche eingedrückt sind, mit dem Effekt einer sehr guten Haftung (Abb. 5-51, 5-52).

4nP scheint dagegen auf die relativ frische Kernfüllung aufgetragen zu sein, um deren Unebenhei-

Abb. 5-49 Strohlehmputz 3sP über Wandpfosten, Nachbargefach 3

ten auszugleichen (s. o.). Der Kalkputz wurde hier erst nach Trocknung des Lehmunterputzes aufgetragen, er füllt die Schwindrisse des Lehmputzes aus (Abb. 5-53 und 5-54).

Abb. 5-50 Strohlehmputz über Deckenbalken

Nicht alle Kernfüllungen erhielten einen Lehmputz als Zwischenschicht zum Kalkputz. Die Zweitaufträge 3nK und 5nK, ca. 1 cm hinter der Bundseite des Fachwerks zurückliegend, sind ausreichend eben und fluchtrecht für ein direktes Verputzen mit Kalk (Abb. 5-45).

Abb. 5-51 Ausgleichsputz 1oP Nahaufnahme

Abb. 5-52 Rückseite des Kalkputzes 1oF

Abb. 5-53 Ausgleichslehmputz 4nP auf Kernfüllung 4nK

Abb. 5-54 Spuren alten Kalkputzes 4nFa in den Schwindrissen des Lehmputzes 4nP

5.3.2 Besonderheiten bei Gefach 1 (1289)

Eine Besonderheit bilden die Lehmputze auf der Außenseite. Auf die sehr lange unverputzt gebliebene Kernfüllung 1wK wurde zunächst ein ca. 2 cm dicker Strohlehmputz 1wP1 aufgetragen, in etwa oberflächenbündig mit dem Mittelriegel, aber am Ständer zurückspringend. Ziemlich sicher war diese Schicht lange mit Kalk verputzt, worauf vereinzelte Mörtelreste in den Schwindrissen der Oberfläche noch hindeuten. Nach Abfallen dieses Kalkputzes muss sich über sehr lange Zeit eine millimeterdicke, noch gut erhaltene schwarze Staubschicht angesetzt haben, vermutlich regengeschützt durch angrenzende Nachbargiebel. Auf diese Staubschicht wurde ohne Weiteres ein zweiter Strohlehmputz 1wP2 aufgebracht, diesmal aber in einer Dicke bis 5,5 cm. Die Haftung dieser Schicht war gering, so dass sie sich als schwere Platte schon am Bau vom Untergrund gelöst hat. Während die erste Schicht 1wP1 in gleichmäßiger Stärke der konkaven, an den Gefachrändern dickeren Kernfüllung folgt, wurde mit dem späteren Lehmputz 1wP2 versucht, dem Gefach eine ebene Oberfläche zu geben. Die in Gefachmitte 5,5 cm dicke Schicht ist am Gefachrand auf nur 5 mm dünn ausgezogen. Der folgende noch erhaltene Kalkputz mit den zahlreichen Anstrichschichten der Westfassade ist also wesentlich jünger als die

Abb. 5-55 Oberfläche 1wP1

Abb. 5-56 Oberfläche 1wP1 Nahaufnahme mit Kalkputzspuren

Kernfüllung, da sowohl 1wK als auch 1wP1 sehr lange Zeit unverputzt gewesen sein müssen (s. Kap. Anstriche).

5.3.3 Auftrag

Die Lehmputze wurden in der Regel von unten nach oben in sich überlappenden Patzen aufgetragen, wahrscheinlich mit einem Brett, und anschließend glattgestrichen. An den Verstrichspuren ist der sehr nasse Auftrag zu erkennen. Die Größe der Auftragspatzen entspricht etwa der Schnittlänge des verwendeten Strohs, im Allgemeinen etwa 20 cm. Bei dickeren Putzschichten gibt es zwischen den einzelnen Auftragspatzen keine Strohhalmverbindungen, bei dünneren ist der Strohlehm so verrieben, dass das Stroh ineinander verfilzt ist (Abb. 5-57).

5.3.4 Haftung

Die Haftung der Lehmputze auf dem Untergrund ist bis auf wenige Ausnahmen (1wP2, 2wP und 4sP) sehr gut, obwohl keine besonderen Vorkehrungen zur Verbesserung der Haftung zu entdecken sind. Die Kernfüllungen sind in der Regel lediglich eben verstrichen, so dass sich nach der Trocknung eine durch Verstrichspuren und freiliegende Strohhalme raue Oberfläche bildet, die offensichtlich für eine gute Haftung vollkommen

Abb. 5-57
Lehmputzauftrag rückverfolgt am Beispiel 1oP

ausreicht. Nur bei der jüngsten Probe ist auf 5sK ein flüchtiger Rautenstrich (45°, Abstand 6 bis 11 cm) zu erkennen, der aber für die sehr gute flächige Haftung von 5sP ohne Bedeutung ist. Die schlechte Haftung bei 1wP2, 2wP und 4sP kann folgende Gründe haben: Bei 1wP2 ist die Ursache klar, hier wurde der Untergrund nicht vom Staub gereinigt. Bei 2wP könnte die schlechte Haftung in der geringen Strohdichte der Putzmischung liegen (mit 27 kg/m³ der geringsten aller untersuchten Mischungen) und an dem mit 1530 kg/m³ höchsten Raumgewicht (d. h. auch Flächengewicht) aller Proben. Vielleicht spielt hier auch die (einmalige) Reihenfolge des Auftrags von oben nach unten eine Rolle. Bei 4sP könnte die geringe Dichte von nur 1100 kg/m³, d. h. der geringe Lehmanteil der Putzschicht auf der staubenden Oberfläche von 4sK (sehr magerer Löß-Lehm) Ursache sein (Abb. 5-59).

5.3.5 Plastizität

Bei den meisten Putzen (wie auch Kernfüllungen) ist an den *Verstrichspuren* noch gut erkennbar, wie weichplastisch aufgetragen wurde. Nur bei den mageren Lößlehmen der jüngeren Gefache lassen sich diese reliefartigen Feinheiten der Oberflächen nicht (mehr) ausmachen. Der weichplastische Auftrag lässt sich auch an der Rückseite mancher Putzschichten (1wP2, 3sP) erkennen: An Hohlstellen, die durch die sperrige Wirkung des Strohs gebildet werden, sind die einzelnen Strohhalme mit Lehm umhüllt, dessen erstarrte Oberflächen die weichplastische Konsistenz bei der Verarbeitung abbilden (Abb. 5-60, 5-61). Anders als weichplastisch wäre ein Auftrag der angetroffenen Strohlehmmischungen auch nicht denkbar, da man eine 3 – 5 cm dünne Putzschicht mit einem so hohen Strohanteil aus i. M. ca. 20 cm langem Stroh anders nicht zu einer ebenen Fläche verziehen könnte. Der hohe Strohanteil kompensiert wiederum die bei nassen Lehmaufträgen zu erwartende Schwindung.

Abb. 5-58 Lehmputz Rückseite 2wP

Abb. 5-59 Lehmputz Rückseite 4sP auf Kernfüllung 4sK

Abb. 5-60 Lehmputz Rückseite 3sP

Abb. 5-61 Lehmputz Oberfläche 1wP2

Abb. 5-62 Rautenstrich auf 3sP

Abb. 5-63 Kammstrich auf Strohlehmgefach, Darmstadt, 18. Jh.

Abb. 5-64 Rautenstrich auf 4nP

Abb. 5-65 Rückseite 4nFb

Abb. 5-66 Oberfläche 2wP

Abb. 5-67 Oberfläche 5sP

Abb. 5-68 Oberfläche 4sP

Abb. 5-69 Oberfläche 4nP

5.3.6 Vorbereitungen zur Haftung der Kalkputze

Hier sind keine besonderen Vorkehrungen zu finden, bis auf zwei Ausnahmen: Bei den Putzen 3sP und 4nP sind ca. 5 mm breite und 3 mm tiefe Rillen zu einem rautenförmigen Netz in ca. 60° Neigung in die nasse Oberfläche gekratzt, bei 3sP in etwa 6 cm und bei 4nP in 10 cm Abstand (Abb. 5-62, 5-64). Diese mit einem Holzstück(?) in die weiche Oberfläche eingekratzten sich kreuzenden Rillen haben nach allgemeiner Auffassung die Funktion, die Haftung des Kalkputzes zu ermöglichen bzw. zu verbessern. Die nähere Untersuchung der Putzrückseiten zeigt aber, dass nicht das Relief der Rautenstriche die Kalkputzhaftung verbessert, sondern der wahrscheinlich beabsichtigte Nebeneffekt, das unter der Lehmoberfläche liegende Stroh anzureißen und freizulegen, um so eine Verbindung mit dem Kalkputz herzustellen. Auch das unregelmäßige, fast flüchtige Strichmuster, besonders bei 4 bestätigt dies. Auf eine dekorative Absicht deutet die Art der Ausführung nicht hin. Bei der Mehrzahl der untersuchten Lehmuntergründe gibt es weder Rauten- noch Kammstriche noch irgendwelche anderen erkennbaren Putzgrundvorbereitungen (s. 5.4.2).

5.3.7 Oberflächen

Die Oberflächen der Lehmputze sind nicht einheitlich. Bei dem Versuch, Gemeinsamkeiten zu finden, fällt auf: In der Mehrzahl gibt es an der Oberfläche ein feines Netz aus *Haarrissen*, in die der folgende Kalkputz eingedrungen ist und dort zusätzlichen Halt findet. Bei 1wP2 und 2wP sind diese Risse stärker ausgeprägt, Resultat einer geringen Strohdichte und einer sehr nassen Verarbeitung. Andere Putze zeigen gar keine Risse, z. B. 3sP, eine Mischung aus nicht mehr als Lehm zu bezeichnendem »lehmigen Sand« mit sehr feinem, gespleißten und stark geknickten Stroh. Bei den Putzen der Gefache 4 und 5 sind mit magerem Lehm und relativ viel Stroh ebenfalls keine oder nur vereinzelte Haarrisse zu finden. Auf eine Rissfreiheit aus optischen Gründen kam es bei den Lehmputzen bestimmt nicht an, da in allen Fällen das weitere Verputzen mit Kalk vorgesehen war. Risse waren zur besseren Haftung vielleicht sogar erwünscht. Demgegenüber ist festzustellen, dass sämtliche(!) Kernfüllungsoberflächen keine Risse zeigen, mit nur einer Ausnahme, des relativ dünnen Lehmputz-ähnlichen Zweitauftrags 3nK, der direkt mit Kalk weiterverputzt wurde (s. o.).

5.4 Kalkputze

Die Aufgabe der Kalkputze war es, die Lehmflächen zu glätten, zu »putzen« und einen weißen oder farbig abgetönten Kalkanstrich zu ermöglichen. Bei allen Variationen und Qualitätsunterschieden, deren zeitliche Zuordnung kaum möglich ist, lassen sich doch typische Merkmale eines »alten Kalkputzes« beschreiben, wie er im Römer spätestens seit dem Umbau des 16. Jh. auf allen Gefachen zu finden ist. Die Analyse der Kalkputze, soweit sie auf den entnommenen Gefachen noch vorhanden waren, zeigt eine ähnliche Variationsbreite wie die der Kernfüllungen und Lehmputze. Kein Putz gleicht in allen seinen Merkmalen einem anderen. Eine Zuordnung der einzelnen Merkmale zu einer bestimmten Bauepoche ist nicht möglich. Grob unterscheiden kann man:

- *ältere, sehr dünne Kalkputze mit z. T. grober Körnung und Tierhaarzumischung*
- *neuzeitliche, dickere und harte Kalkputze aus gelblichem Feinsand, ohne Haare, über oder anstelle älterer Putze, die abgeschlagen oder abgefallen waren, sowie*
- *Ausgleichsputze aus Kalk/Sand oder Gips innerhalb der Anstrichschichten, die gelegentlich aufgetragen wurden um Unebenheiten oder abgeblätterte Farbe auszugleichen.*

Hier interessieren die alten Kalkputze, zusammen mit ihrem jeweiligen Lehmuntergrund.

Auffallend im Vergleich zu heutigen Putzen ist die geringe Putzstärke, deren Vorteil neben Materialersparnis das geringe Gewicht ist. Dickere Putzschichten würden leichter abfallen, da sie im Verhältnis zu ihrem Gewicht zu wenig auf dem Lehmuntergrund haften, denn Kalk verbindet sich mit Lehm bekanntlich nur mechanisch. Einlagiger dünner Auftrag auf genügend geebneten Lehmuntergründen reicht aus. Der Feinsandanteil ist gering. Hauptbestandteil ist gewaschener Mittel- bis Grobsand, z. T. auch Kies. Auffällig ist der manchmal sehr hohe Anteil an kurzen Tierhaaren.

5.4.1 Zeitliche Einordnung

Die Putze auf dem ältesten Gefach 1 (13. Jh.) sind leider nicht ebenso alt. Wie gesagt, waren die Kernfüllungen hier sehr lange unverputzt und auf dem ersten äußeren Lehmputz 1wP1 sind Spuren eines früheren Kalkputzes zu finden. Der überkommene Kalkputz befindet sich aber erst auf der nächsten Lehmputzschicht 1wP2. Von den Gefachen aus dem 16. Jh. ist bei 2 leider weder Innen- noch Außenputz vorhanden, bei 3 sind wir nicht ganz sicher, ob die Kalkputze aus der Entstehungszeit dieses Gefachs sind, dafür bei Gefach 4 und 5 aus dem 17. und 18. Jh., soweit erhalten. Wenn wir Kalkputze vor dem 16. Jh. nicht nachweisen können, so muss das nicht heißen, dass es keine älteren Putze aus Kalk gibt. Immerhin sind in den Kernfüllungen des Umbaus von 1583, Gefach 2 und 3 erhebliche Mengen von Kalkmörtelbrocken als Bauschutt eingeschlossen. Deren Form kann zwar auch auf Mauermörtel schließen lassen, manche Stücke entstammen aber eindeutig Putzschichten, die in der Zusammensetzung den vorgefundenen Kalkputzen auf Lehmflächen ähneln.

Abb. 5-70 Abgestufte Putzkörnung 3sFa

Abb. 5-71 Nicht abgestufte Putzkörnung, neuzeitlicher Putz mit Feinsand 5nFb

Abb. 5-72 Haarkalkputz 3sFa

Abb. 5-73 Haarkalkputz 3sFa Rückseite

Abb. 5-74 Haarkalkputz 3sFa Rückseite

Abb. 5-75 Untergrund Lehmputz 3sP

5.4.2 Merkmale der alten Kalkputze

Putzstärke

Die Aufgabe der Kalkputze ist, die Lehmoberfläche zu glätten und mit einem Träger für den folgenden Kalkanstrich zu versehen. Kalkfarbe, direkt auf den Lehm aufgestrichen, würde bald abblättern, da es keine chemische Verbindung bzw. Verkieselung zwischen Kalk und Lehm gibt. Erstaunlich ist die geringe Putzstärke von nur 2 bis 5 mm. Nur bei 3sFa und 5nFa, Putzen mit relativ hohem Kiesanteil, gibt es Stellen bis 8 mm Dicke. Dementsprechend dürften die Putze im Prinzip einlagig mit der Kelle aufgezogen und dünn verrieben sein. Die Oberfläche ist glatt, der erste Kalkanstrich sehr fest mit dem Putz verbunden. Ein Grund für die geringe Dicke kann im sparsamen Gebrauch von gewaschenem Sand und gebranntem Kalk gesehen werden. Aber offensichtlich erfüllten dünne Putze ihren Zweck besser und länger, da sie leicht und elastisch sind – der geringeren Haftung von Kalk auf Lehm entsprechend.

Abb. 5-76 Haarkalkputz 4nFa Rückseite

Abb. 5-77 Haarkalkputz 5nFa Rückseite

Abb. 5-78 Haarkalkputz 1oFa Rückseite

Zusammensetzung

Der Feinsandanteil ist gering. Der Hauptbestandteil ist Mittel- bis Grobsand (0,2 – 2 mm). Bei 3sFa und besonders bei 5nF ist auch der Kiesanteil (>2 mm) relativ hoch. Dies ist bei der geringen Putzstärke verwunderlich. Eine Erklärung kann wiederum die Einsparung von Kalk sein, vielleicht war man auch nicht wählerisch bei der Auswahl des Sandes. Der Sand hat verschiedene Farben: Bei 3sFa und 5nFa ist er vorwiegend hellgrau mit wenigen weißen und schwarzen Anteilen. Bei den anderen Putzen 1oF, 1wF, 3nF und 4nF ist zumindest der (höhere) Feinsandanteil beige-sandfarben. Außer bei 1wF ist der Sand frei von Schluff oder Lehm, d. h. er ist gewaschen oder entstammt einem entsprechenden Vorkommen. Die Körner sind größtenteils kantig, teils flach schiefrig, teils rundlich geschliffen. Wahrscheinlich handelt es sich um Fluss-Sand.

Haftung auf der Lehmoberfläche

Die Verbindung mit dem Untergrund kann sehr gut sein, je nachdem inwieweit die folgenden Merkmale – je nach Ausführungsqualität – zutreffen. Überwiegend haftet der Kalkputz an freiliegenden und herausstehenden Strohhalmen. Eine hohe Strohdichte im Lehmuntergrund verbessert diesen Effekt wesentlich, besonders wenn durch erwähnten Rautenstrich aktiviert. Außerdem feines, zerfasertes Stroh wie bei 3sP, ein Ergebnis sehr gründlicher Aufbereitung des Lehmputzes. Ein hoher Anteil an Tierhaaren im Kalkputz festigt nicht nur die Putzschicht in sich, sondern verbindet sie

Abb. 5-79 Untergrund 3nK

Abb. 5-80 Rückseite 3nF

auch flächig mit dem Untergrund, wenn dieser beim Auftrag weichplastisch, d. h. stark angenässt ist. Ebenso sind die groben Kiesbestandteile in die Lehmoberfläche eingedrückt. Die geringe Auftragsstärke bis 5 mm dürfte, wie erwähnt, Voraussetzung für eine gute Haftung sein. Durch den Ausbau der Gefache ist die ursprünglich vielleicht bessere Haftung gestört. Dennoch sind Qualitätsunterschiede gut zu erkennen. Ausgezeichnet haften Kalkputze mit einem hohen Anteil an Tierhaaren, besonders auffällig bei 3sF: Die Putzschicht hat nicht nur in sich einen festen aber elastischen Zusammenhalt.

Die Haare greifen auch in die Lehmoberfläche ein und verbinden so Lehm und Kalk miteinander. Dass der Untergrund 3sP »nur« aus sehr magerem Lehm besteht, ist offensichtlich ohne Bedeutung. Ebenso die rautenförmigen Kratzstriche: Der Putz haftet flächig, auch zwischen den Rauten. An diesem Beispiel ist deutlich, dass der Lehmuntergrund beim Auftrag des Kalkputzes weichplastisch

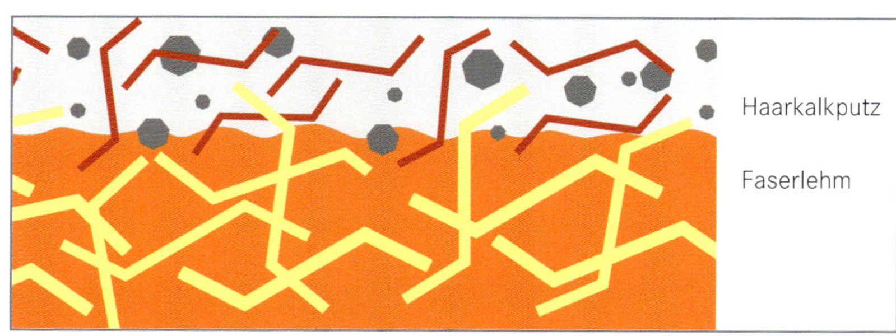

Abb. 5-81
Modell guter Kalkputzhaftung

gewesen sein muss, sonst wären die Haare nicht so tief (bis 2 mm) im Lehm verzahnt. Bei anderen Putzen ist die Weichheit des Untergrundes beim Auftrag daran zu erkennen, dass grobe Kieskörner und Steinchen in die Lehmoberfläche eingedrückt sind (1oF, 4nF) (Abb. 5-51, 5-52).

Bei diesen Putzen sind die Untergründe allerdings nur 10 mm dicke Lehmputze (1oP, 4nP), die als Unterputz für den nass in nass aufgetragenen Kalkfeinputz dienten. Die feuchtespeichernde Wirkung des Lehmunterputzes ist auch günstig für die erwünschte langsame Aushärtung des Kalkputzes. In der Mehrzahl der Fälle beruht die Haftung der Kalkputzschicht aber auf einer Verbindung durch an der Oberfläche liegende oder herausstehende Strohhalme. Eindeutig ist hier festzustellen, dass die Haftung des Kalkputzes dort gut ist, wo die Strohdichte des Untergrundes hoch ist (Abb. 5-79, 5-80).

Rautenstriche gibt es nur bei den Lehmuntergründen 3sP und 4nP, wie unter 5.3.7 bereits beschrieben. Bei der besonders guten Haftung von 3sF auf 3sP kommen alle beschriebenen Faktoren zusammen (Abb. 5-81):

- Putzstärke unter 5 mm
- Sandkörnung mittel- bis grobsandig mit Kies, gewaschen
- hoher Anteil an Tierhaaren im Kalkputz, die in den Untergrund eingreifen
- weichplastische Lehmoberfläche beim Auftrag des Kalkputzes
- hohe Strohdichte im Untergrund (59 kg/m³), sehr feines, gespleißtes Stroh
- Rautenstrich, dadurch Aktivierung des Strohs als Haftbrücke.

Die hier geringe Bindekraft des Putzlehms, mit 39 g/cm² minimal, steht offensichtlich der guten Haftung des Kalkputzes nicht entgegen.

Festigkeit

Verglichen mit den neuzeitlichen Putzen ist die Festigkeit und Härte der alten Kalkputze geringer. Diese bilden eher eine dünne, die Lehmfläche bekleidende, elastische Haut, jene eine harte Schale. Man kann bei den alten Putzen den Eindruck gewinnen, dass man magere Mischungen mit hohem Zuschlaganteil vorzog, die der relativen Weichheit des Untergrundes entsprachen. Einmal abgenommen, zerbröseln manche Putze zwischen den Fingern, während die neuzeitlichen wie harte Scherben wirken. Einen guten Zusammenhalt innerhalb der Putzschicht gibt es nur, wenn Tierhaare zugemischt worden sind, besonders bei 3sF, auch 4nF, weniger bei 1oF und 5nF. Der Zusatz von kurzer Spreu (1wF) zeigt sich im Vergleich als nicht besonders wirkungsvoll, oder als weniger dauerhaft. Da aber eine gute Haftung auf dem Untergrund wichtiger ist als der innere Zusammenhalt der Putzschicht, halten wir es für möglich, dass die Haare nicht in erster Linie zur Vermeidung von Rissen sondern zur besseren Haftung zugemischt wurden. Dies würde allerdings nur bei der erwähnten Nass-in-Nass-Verarbeitung Sinn haben.

Putzträger auf Holz

Die alten Kalkputze sind nie direkt auf Holz geputzt. Dazu wären sie auch zu dünn. Die Putzschicht reicht entweder bis zum Balken, etwa bündig mit der Holzoberfläche (1oF und Zweitauftragsseiten 1wF, 3nFa, 4nFa, 5nFa), oder die Wände sind mit einem das Fachwerk überdeckenden Lehmputz überzogen, der im Balkenbereich den

Abb. 5-82 Kalkanstrichfolgen 1wA1

Putzträger für den Kalkputz bildet (Erstauftragsseiten 2wP, 3sP, 4sP, 5sP). Im ersten Fall, in der Regel der Bundseite des Fachwerks, bilden Kalkputz und Holz den Untergrund für den Kalkfarbenanstrich, im zweiten entsteht auf dem Lehmputz eine zusammenhängende, ebene Kalkputz- und Anstrichfläche. Die neuzeitlichen Putze sind dagegen auch direkt auf Balken geputzt (4nFb, 5nFb). Als Putzträger diente Hasendraht.

Abb. 5-83
Kalkanstrichfolgen 1oA

5.5 Anstriche

Die Kalkanstriche interessieren hier nur am Rande. Dennoch seien bauhistorische Besonderheiten, die bei der Untersuchung auffielen, erwähnt. Die Farbgebung auf dem gotischen Gefach (1298) ist wesentlich jüngeren Datums, wenn es auch auf beiden Seiten bis zu 30 Anstrichschichten gibt. Die Kalkanstriche sind sehr dünn, also wässerig aufgetragen und haften in bis zu 30 Schichten gut aufeinander. Die Untersuchung der Farbfolgen ist ohne bauhistorischen Anspruch. Erwähnenswert sind weiße oder im jeweiligen Farbton hellere Grundierungen, die reinere Farbtöne im Deckanstrich ergeben.

5.5.1 Farbigkeit

Als vermutlich ältesten Anstrich fanden wir auf der ursprünglichen, unter zwei Lehmputzen verborgenen Außenwandoberfläche 1wK (13. Jh.) aus braunem Lehm einen roten Anstrich, in ähnlichem Farbton wie die innere Kernfüllungsoberfläche aus rötlichem Lehm. Ziemlich sicher ist dieser Anstrich keine Kalkfarbe, sondern eine Schlämme aus rotem Ton, wie er als Knollen auch in der inneren Kernfüllung 1oK zu finden ist. Man hat also die äußere Kernfüllung aus braunem Lehm mit einer roten Lehmfarbe gestrichen, die der inneren rötlichen Kernfüllung entsprach. Die Verwendung von Tonschlämme als Anstrich ist verwunderlich, steht aber außer Zweifel, da die Reste sich mit Wasser wieder zu einer Farbe verrühren lassen, was mit Kalk nicht möglich wäre. Alle anderen alten Anstriche sind Kalkanstriche auf Kalkfeinputz.

Die Datierung der Anstriche auf den Gefachen aus dem 13. Jh. ist nicht sicher (s. o.). Die zahlreichen, bis zu 30 äußeren Farbschichten von 1wA beginnen mit hellgrauen Tönen mit blaugrauem Begleiter, es folgen siena, weitere Grautöne, später eine bunte Farbfolge, über rosa, himmelblau, ocker,

Abb. 5-84
Kalkanstrichschichten auf 1oF

türkis, blaugrau und hellgrün. Ein in der Farbfolge ziemlich früh über die entnommene Probe schräg verlaufender Abdruck eines Balkens teilt die Fläche in unterschiedliche Farbfolgen. Wie sich später herausstellte, handelt es sich um eine Treppenwange im angebauten Nachbarhaus.

Innen beginnen die etwa 25 Farbschichten auf 1oF mit hellen weißgrundierten Sienatönen, auch bei den folgenden Schichten fallen die jeweiligen Weißgrundierungen auf. Die Folge geht über blaugrau, ultramarin, oliv, hellgrün, hellviolett, grün, rotviolett, rosa mit roten Punkten über türkis und hellblau wieder zu gedämpften Tönen wie siena und graugrün (Abb. 5-83). Bei den Farbschichten der Gefache 3, 4 und 5 aus dem 16., 17. und 18. Jh. verweisen wir auf die bereits abgeschlossenen Farbuntersuchungen [Klein 1992].

5.5.2 Technik

Ein Anstrich ist nicht dicker als 0,1 mm. Die alten Anstriche sind mit Kalk und Farbpigmenten ausgeführt. Auffällig ist, dass bis zu 30 Farbschichten fest aufeinander haften. Die Schichten sind sehr dünn, d. h. wässerig aufgetragen. Bei den 30 Schichten von 1oA ergibt sich bei einer Gesamtdicke der Anstriche von 3 mm eine Schichtdicke von 0,1 mm. Damit erklärt sich auch ihre gute Haftung, denn dicke Kalkanstriche blättern ab (Abb. 5-84).

Ein anderer Aspekt ist die bereits erwähnte weiße oder zumindest im Farbton hellere Grundierung. Der Anstrich erhält so eine reinere Farbe, indem die Grundierung durchscheint und nicht die vorherige Farbe. Aber meistens gibt es diesen Voranstrich nicht - oder er ist, im gleichen Farbton, nicht erkennbar. Schließlich fallen besonders bei 1oF aufeinanderfolgende, fast abgestimmt erscheinende Komplementärfarben auf, die vielleicht nicht nur im wechselhaften Geschmack der Bewohner begründet sind. Hellgrün - hellviolett - dunkelgrün - rotviolett - rosa - helltürkis - dunkeltürkis - hellblau ist ein besonders schönes Beispiel. Denkbar wäre, dass man das Durchscheinen von Kalkfarbenanstrichen bewusst für eine lebendigere Farbwirkung einsetzte.

6 Eigenschaften der Strohlehme

6.1 Lehm

Für fast alle Kernfüllungen wurde »magerer« Lehm verwendet. Über einem Durchschnitt der Bindekraft von 75 g/cm² liegen die Kernfüllungen der alten Gefache. In den jüngeren Gefachen nach dem 16. Jh. wurde im Römer eher mit sehr magerem Lehm gearbeitet. Auch die Lehmputze wurden mit magerem Lehm aufbereitet. Der gleichmäßige Verlauf der Körnungslinie bei fast allen Lehmen – und dies über eine Zeitspanne von sieben Jahrhunderten – zeigt, dass Strohlehm nur mit Stroh oder anderen Fasern aufbereitet und nicht zusätzlich mit Sand gemagert wurde. Die Baulehme sind verschiedener Herkunft, wie die Farbunterschiede zeigen.

6.1.1 Bindekraft

Bis auf zwei Ausnahmen sind alle untersuchten Lehme »mager« bis »sehr mager«. Sie haben eine Bindekraft zwischen 50 und 110 g/cm². Nur ein Lehm (1oK, die älteste Kernfüllung) ist mit 138 g/cm² »fast fett«, wobei dieses Ergebnis wegen der vielen Tonknolleneinschlüsse verfälscht sein kann. Das andere Extrem ist ein nicht mehr als Lehm zu bezeichnender »lehmiger Sand« mit 39 g/cm² bei dem Lehmputz 3sP. Von diesen Ausnahmen abgesehen liegt die durchschnittliche Bindekraft der untersuchten Lehme bei 75 g/cm².

Über diesem Durchschnitt liegen alle Kernfüllungen der alten Gefache 1, 2 und 3 (13. und 16. Jh.), darunter die Kernfüllungen der jüngeren Gefache 4 und 5 (17. und 18. Jh.). Diese sind mit 50 g/cm² aus sehr magerem Lößlehm. Mit Ausnahme des Zweitauftrags 5nK, der mit 80 g/cm² wieder bin-

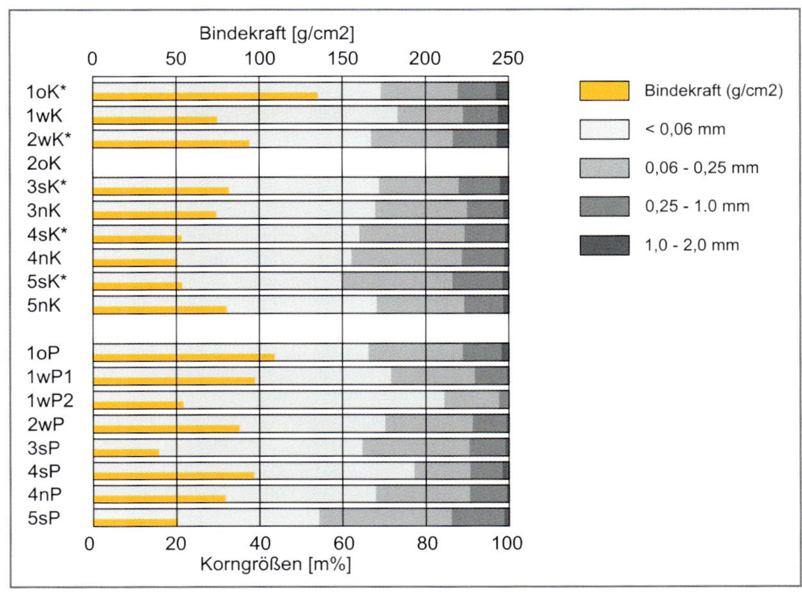

Abb. 6-1
Bindekraft und Korngrößenverteilung < 2 mm

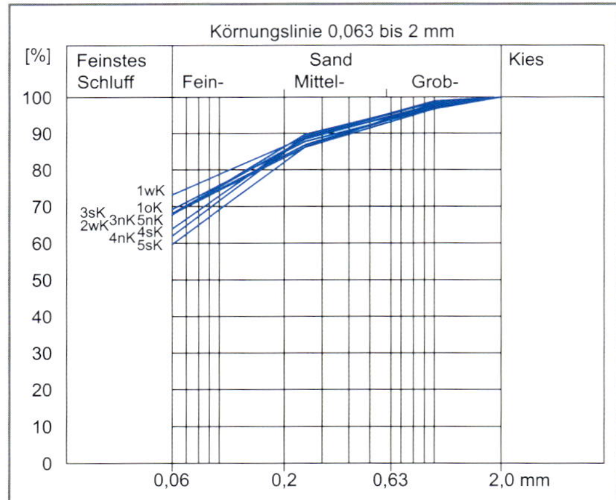

Abb. 6-2 Körnungslinien 0,06 bis 2 mm, Kernfüllungen

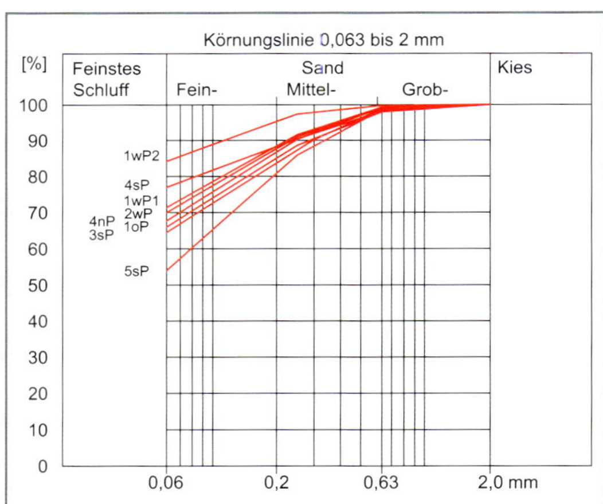

Abb. 6-3 Körnungslinien 0,06 bis 2 mm, Lehmputze

dekräftiger ist. Vielleicht, weil diese Fläche direkt mit Kalk verputzt werden sollte? Schließlich erhielten auch die sehr mageren Kernfüllungen des Gefaches 4 zunächst auf beiden Seiten Lehmputze mit ähnlicher Bindekraft des Lehms wie bei 5nK. Vermied man sehr magere Lehme als Putzgrund für Kalkputz? Bei der Mehrzahl der Lehmputze liegt die Bindekraft mit 79 bis 108 g/cm² deutlich über dem Durchschnitt der untersuchten Lehme. Nur die feinsandigen bis schluffsandigen Lehmputze mit geringer Bindekraft, 1wP2, 3sP und 5sP, würden diese These widerlegen.

Testweise wurde an zwei sehr unterschiedlichen Lehmen auch die Bindekraft nur des Feinkorns <0,06 mm ermittelt. Dieses neue, hier vorgeschlagene Verfahren (s. 3.3.5) kann bei der Analyse von Baulehm und Lehmbaustoff an Bedeutung gewinnen, um den Einfluss evtl. zugemischter Sandanteile zu minimieren, indem nur die bindigen Bestandteile der Ton- und Schluff-Fraktion untersucht werden. Folgende Werte ergeben sich:

	Bindekraft (g/cm²) Fraktion <2 mm	Feinkornbindekraft (g/cm²) Fraktion <0,06mm
1oK	138 (fast fett)	197 (fast fett)
5sK	52 (sehr mager)	124 (fast fett)

Bezieht man die ermittelten Feinkornwerte auf eine maximale Bindekraft von z. B. 400 g/cm² (Ton), erreicht der rote Lehm des Gefaches 1 ca. 50 % der Bindekraft von Ton, der schluffsandige Lößlehm des Gefaches 5 aber nur 30 %. Aus den wesentlich größeren Unterschieden der Feinkornbindekraft zur normalen Bindekraft <2 mm kann man vorsichtig ableiten, dass bei den sehr ähnlichen Sandanteilen der beiden Lehme (Abb. 6-2) ein Lößlehm an Bindekraft viel stärker verliert und deshalb auch empfindlicher auf weitere künstliche Sandbeimischung reagieren würde.

6.1.2 Korngrößenverteilung

Zur besseren Vergleichbarkeit der Lehme werden nur die Korngrößen unter 2 mm berücksichtigt, denn über 2 mm handelt es sich überwiegend um

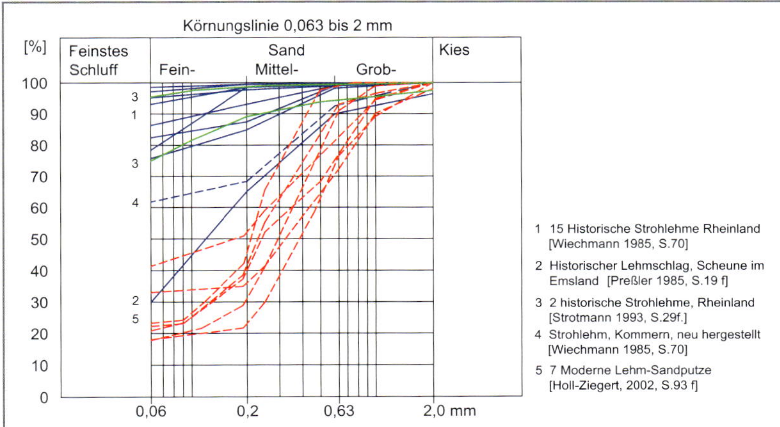

Abb. 6-4 Körnungslinien 0,06 bis 2 mm, im Vergleich

zufällige Einschlüsse wie Kalkmörtelbrocken, Bauschutt und sonstige Fremdkörper, die ein falsches Bild der ursprünglichen Zusammensetzung des Lehms erzeugt hätten. Fremdkörper unter 2 mm, vor allem bei der Aufbereitung zertretener Kalkputze im Sandkornbereich, ließen sich nicht auslesen. Dies drückt sich z. B. im höherem Mittelsandanteil der Proben 2wK, 3sK, 5sK und 5nK aus.

Alle Lehme können als schluff- bis feinsandig bezeichnet werden. Die Durchschnittswerte der Fraktionen ohne Berücksichtigung der Extremwerte liegen bei:

- Ton und Schluff: < 0,06 ca. 70 %
- Feinsand: 0,06 – 0,25 ca. 20 %
- Mittelsand: 0,25 – 1,0 ca. 10 %

Die Mengen an Grobsand und Kies natürlicher Herkunft sind für den Vergleich der Lehme vernachlässigbar gering. Wesentliche Abweichungen von dieser Korngrößenverteilung gibt es nur bei wenigen Lehmen: 1wP2 mit geringem, und 5sP mit

Abb. 6-5 Körnung 1 – 2 mm 1wK

Abb. 6-6 Körnung 1 – 2 mm 4sK

Abb. 6-7 Farben der Lehme

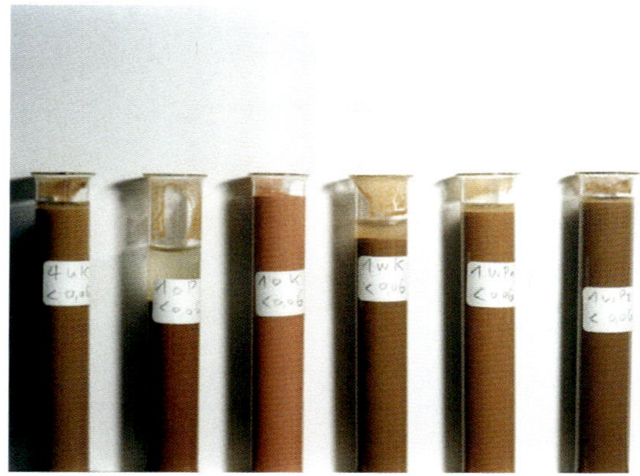

Abb. 6-8 Farben des aufgeschlämmten Feinkorns <0,06, Beispiel Gefach 1

relativ hohem Sandanteil. Diese Extreme haben hier offensichtlich keine Auswirkung auf die Bindekraft, die bei beiden Lehmen gleich ist. Bei anderen Lehmen ist bei unterdurchschnittlichem Feinsandanteil der höhere Feinkornanteil auch mit höherer Bindekraft verbunden (4sP). Generell ist zwar die Tendenz festzustellen, dass mit höherem Feinkornanteil <0,06 auch die Bindekraft steigt.

Abb. 6-9 Tonknollen im Lehm 2wK

Die Ausnahmen zeigen aber, dass zur Beurteilung der Bindekraft eines Lehms die Ermittlung des Feinkornanteils <0,06 nicht ausreicht:

- 1wP2 ist trotz 84 % Ton-/Schluffanteil sehr »mager« (Bindekraft 50 g/cm^2)
- 1oK ist dagegen mit nur 69 % Ton/Schluffanteil »fast fett« (Bindekraft 138 g/cm^2).

Diese Gegensätze sind Folge eines unterschiedlichen Tonanteils innerhalb der Fraktion <0,06 oder unterschiedlicher plastischer Eigenschaften der Tonbestandteile.

Sandbeimischungen?

Die Frage, ob die vorgefundene Korngrößenverteilung Ergebnis einer absichtlichen Magerung mit Sand ist, oder ob sie der natürlichen Zusammensetzung der verwendeten Lehme entspricht, kann aus einer Beurteilung der einzelnen Körnungen nicht sicher beantwortet werden. Unterschiede in Farbe, Gestalt und Zusammensetzung können auch als natürliches Gemisch erklärt werden, das entweder durch seine Herkunft (z. B. abgerutschter

Farbe	Bindekraft g/cm²	Korngrößen Ton+Schluff < 0,06mm %	Korngrößen Feinsand 0,06 – 0,25mm %	Kalkgehalt 0 + ++	Schichten
Rötlichbraun	100	70	20	0	1oK
	"	"	"	"	2wK
	"	"	"	"	3sK
Gelbbraun	100	70	20	0	1oP
	"	"	"	0	1wP1
	"	"	"	+	2wP
Lehmbraun	100	75	15	+	4sP
	75	70	20	+	5nK
	"	"	"	"	1wK
	"	"	"	"	3nK
	"	"	"	"	4nP
	50	60	25	+	4sK
	"	"	"	"	4nK
	"	"	"	"	5sK
	"	"	"	"	5sP
	"	"	"	"	3sP
Graubraun	50	85	15	0	1wP2

Abb. 6-10
Einteilung der Lehme nach ihren Eigenschaften (Werte auf- und abgerundet)

Gehängelehm oder Ablagerungslehm) oder durch die Art des Abbaus, vertikales Abstechen übereinanderliegender Lehmschichten, entstanden sein kann. Auf die zufälligen Beimischungen am Ort der Aufbereitung und auf eine mögliche Mitverwendung älteren Strohlehms wurde bereits hingewiesen. Immerhin sind bei manchen Lehmen farbliche Unterschiede vor allem zwischen Feinstkorn (lehmbraun) und Feinsand (oft rötliches und Quarzkorn) festzustellen.

Aufschlussreicher ist eine Beurteilung des Verlaufs der Körnungslinien – im Vergleich mit für Strohlehm verwendeten Lehmen, die anderweitig bereits untersucht sind (Abb. 6-2 bis 6-4).

Trotz des vergleichsweise höheren Feinsandanteils in Limburg halten wir eine absichtliche Beimischung von Sand zur Magerung des Strohlehms für nicht wahrscheinlich:

- Der gleichmäßige, mit zunehmender Korngröße flachere Verlauf der Körnungslinien deutet auf eine natürliche Abstufung der Korngrößen hin. Bei einer Sandbeimischung müsste mit dem Feinsand- auch der Mittelsandanteil höher sein, ähnlich den Körnungslinien eines frisch im Freilichtmuseum Kommern hergestellten, mit Sand gemagerten Lehms, oder moderner Lehm-Sandputze (Abb. 6-4).

- Beim Limburger Haus liegen die Kornfraktionen in sehr ähnlichen Größenordnungen, und dies über sieben Jahrhunderte.

Die überdurchschnittlichen Feinsandanteile der Proben 3sP, 4sK, 4nK, 5sK und 5sP sind auf den hohen Anteil an natürlichen Kalkknollen zurückzuführen, die für Lößlehm typisch sind und auch in den feineren Kornfraktionen – mit dem Auge nicht erkennbar – enthalten sind. Nur bei der Probe 5sP, dem »jüngsten« Lehmputz aus dem 18. Jh. ist der Fein- und Mittelsandanteil so hoch, dass eine Sandbeimischung in Frage kommt (Abb. 6-3).

6.1.3 Farbe

Die Farbunterschiede der Lehme des Limburger Hauses deuten auf die Verwendung verschiedener Lehmarten hin. Die Lehmfarbe wird vor allem von der Farbigkeit des Feinstkorns, der Ton- und Schluffbestandteile bestimmt, kaum von den evtl. auch andersfarbigen Sandkörnungen, da diese von den feineren Bestandteilen ummantelt sind. Allerdings kann die Lehmfarbe Resultat einer Mischung verschiedenfarbiger Lehme oder wiederverwendetem alten Strohlehm sein. Mischfarben sind auch denkbar durch eine Mischung von Lehmen beim Abbau in der Lehmgrube.

Ein Vergleich der Lehme im Haus Römer lässt etwa vier Farbstufen erkennen:

- Rötlichbraun: Die Farbigkeit dieser Lehme entsteht durch rosa, z. T. weiß und rot geaderte Tonknolleneinschlüsse (Abb. 6-9), deren wohl größter Teil aufgelöst ist und den Lehm verfärbt hat. Diese Lehme mit der relativ höchsten Bindekraft wurden bei den Kernfüllungs-Erstaufträgen der ältesten Gefache aus dem 13. und 16. Jh. verwendet (1oK, 2wK, 3sK). Theoretisch denkbar wäre auch eine absichtliche Beimischung des Tons, um die Bindekraft des Erstauftrag-Lehms zu erhöhen, vielleicht auch aus ästhetischen Gründen (Innenseite der Außenwand bei 1 und 2). Dann hätte man allerdings über 300 Jahre diese Technik verfolgt, während man sich für die lehmbraunen Zweitaufträge nicht diese Mühe gemacht hat. Andererseits scheint dieser rote Ton, bzw. nach der Bindekraftprüfung mit 244 g/cm^2 »fette Lehm«, auch als Rohmaterial zur Verfügung gestanden zu haben: Die Füllung der Setzfuge am oberen Gefachrand von 1oK und Reparaturlehm in 2wK haben die rote Farbe dieser Tonknollen.
- Gelbbraun: Diese Lehme mit einem Stich ins Gelborange haben eine ähnliche Bindekraft und Korngrößenverteilung wie die rötlichen, sind aber bei Kernfüllungen nicht verwendet, sondern nur bei den Lehmputzen 1oP, 1wP1 und 2wP, wahrscheinlich alle aus dem 16. Jh., da die Kernfüllungen 1oK und 1wK lange unverputzt waren.
- Lehmbraun: Die meisten Lehme haben die typische Lehmfarbe. Innerhalb dieser Gruppe Farbnuancen zu unterscheiden, fällt schwer. Auffällig sind hier manchmal weißliche Verfärbungen an der Oberfläche. Die Bindekraft und Korngrößenverteilung ist hier nicht einheitlich.
- Graubraun: Diese Farbe entsteht bei dem sehr mageren Lehm des Putzes 1wP2 durch den sehr hohen Schluffanteil.

6.1.4 Kalkgehalt

Nach dem Salzsäureversuch nach DIN 4022 sind die rötlichen und gelbbraunen Lehme (bis auf 2wP) und der graubraune Lehm 1wP2 »kalkfrei«, dafür

Abb. 6-11 Stroh 1oK

Abb. 6-12 Stroh 1oK, guter Erhaltungszustand des 700 Jahre alten Strohs

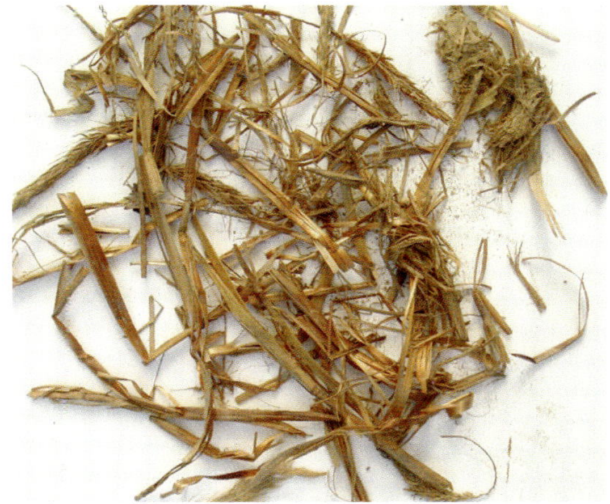

Abb. 6-13 Stroh 4sK, Erstauftrag in Wickeltechnik

Abb. 6-14 Stroh 4nK, putzähnlicher Zweitauftrag

alle lehmbraunen Lehme »kalkhaltig«. Eine absichtliche Zufügung von Kalk ist unwahrscheinlich.

6.1.5 Sonstige Bestandteile

Verschiedene Reaktionen oder Auffälligkeiten bei manchen Lehmen deuten auf weitere zufällige oder absichtliche Zutaten – Tierdung und Urin – oder auf natürliche Veränderungen hin:

- Schaumbildung beim Abschlämmen von Lehm und Absieben von Stroh: bei 1wP2, 2wK und 2wP
- geringe Wasseraufnahme beim Einsumpfen: bei 2wK

Abb. 6-15 Stroh 3sK, Erstauftrag

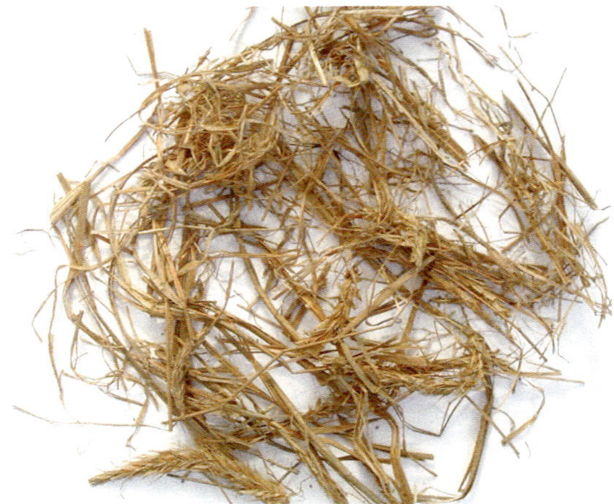

Abb. 6-16 Stroh 3nK, putzähnlicher Zweitauftrag

- Geruch des längere Zeit feuchten Lehms: bei 2wK stechend, bei 5sK und 5nK faulig, bei 3sK erdig
- nach längerer Standzeit der Aufschlämmung ist das Wasser über dem Bodensatz nicht klar, sondern bei 2wP gelblich, bei 2wK rötlich gefärbt. Nach dem Abgießen bleibt ein schwer abwischbarer Rand.

6.2 Stroh

Das Stroh ist allgemein sehr gut erhalten, auch bei den ältesten, 400 und 700 Jahre alten Gefachen. Für alle untersuchten Kernfüllungen und Lehmputze wurde fast ausnahmslos Roggenstroh verwendet. Das Stroh ist unterschiedlich lang gehäckselt, und durch die Aufbereitung weiter zerkleinert. Der Durchschnitt liegt bei Kernfüllungen und Lehmputzen bei etwa 20 cm. Am längsten, bis 30 cm, ist das Stroh bei den Kernfüllungen des 16. Jh., Schichten, die auch durch niedriges Raumgewicht, sehr große Auftragsstücke, bindekräftigeren Lehm gekennzeichnet sind. Ab dem 17. Jh. ist das Stroh relativ kurz, der Lehm sehr mager, die Raumgewichte höher. Die Wickeltechnik erfordert kein längeres Stroh.

6.2.1 Schnittlänge

Das Stroh ist z. T. wesentlich länger, als man von Strohlehm allgemein annimmt. Man kann es zwar als Strohhäcksel bezeichnen, in dem Sinn, dass das früher mannshohe Stroh in kürzere Stücke gehackt wurde – wie dies an den schrägen Schnittenden deutlich erkennbar ist – aber nicht so kurz, wie das Wort »Häcksel« meinen ließe. Durch die Handarbeit beim Hacken (auf einem Hackklotz?) haben die Halme keine einheitliche Länge, sie sind auch, je nach Intensität der Aufbereitung, gekürzt und gebrochen. Im Ergebnis sind die Halmlängen abgestuft – ob beabsichtigt oder nicht.

Die Schnittlängen sind mit bis zu 30 cm bei den Kernfüllungen des 16. Jh. am längsten (2 und 3). Einzelne Halme erreichen eine Länge von 45 cm.

Der ebenfalls hohe Anteil an kürzeren Halmen erklärt sich aus der intensiven Aufbereitung, erkennbar an einem hohen Feinfaseranteil aus Kuhdung. Diese Schichten sind gekennzeichnet durch ein niedriges Raumgewicht (1200 kg/m^3) und die Verwendung eines nicht zu mageren Lehms (80g/cm^2). Beim ältesten Gefach 1 (13. Jh.) ist das Stroh der Kernfüllungen etwas kürzer (bis 25 cm).

Ab dem 17. Jh. (Gefache 4 und 5) ist das Stroh relativ kurz (bis 15 - 20 cm). Vielleicht steht diese Tatsache in Beziehung zu der Verwendung von sehr magerem Lehm. Die Wickeltechnik bei 4sK benötigt offensichtlich kein längeres Stroh.

Die Strohlänge der Lehmputze ist mit bis zu 20 cm erstaunlich groß, dies vor allem bei den nur einen

Abb. 6-17 Stroh 1oP

Abb. 6-18 Stroh 1oP

Abb. 6-19 Stroh 4sP

Abb. 6-20 Stroh 2wP

Abb. 6-21 Stroh 3sp

Abb. 6-22 Stroh 3sP

Zentimeter dicken Ausgleichsputzen (1oP und 4nP). Dabei ist der Anteil kürzerer Halme bis 5 cm unterschiedlich:

Ist er hoch (1oP, 3sP, 1wP1, 4nP, 5sP), ist auch eine gute Haftung auf dem Untergrund zu beobachten. Bei den Proben (1wP2 und 2wP), die weniger kurze und insgesamt längere Halme (15 - 30 cm) enthalten, könnte dies ein Merkmal schlechterer Ausführungsqualität sein. Diese Putze zeigen Risse und eine geringere Haftung auf dem Untergrund.

6.2.2 Strohart

Bei fast allen Strohlehmen für Kernfüllungen und Lehmputze wurde Roggenstroh, nur bei einer Kernfüllung (5sK) Weizenstroh verwendet [Schlüter 1990]. Die Strohart ist erkennbar an den teilweise zahlreichen Ähren und dem höheren Blattanteil bei Weizen, weniger an den Halmen, die einander ähneln. Der Lehmputz 4sP ist nicht mit Stroh, sondern mit Flachsscheben aufbereitet, sehr kurzen (0,2 bis 3 cm) und sehr dünnen (1 mm) wurzelartigen, holzigen Stengelchen (Abb. 6-19). Dieses Material, ein Abfallprodukt aus der Flachsaufbereitung, ist (in Hessen) auch häufig in Lehmziegeln zu finden. Die sehr feinen und kurzen Fasern erklären die relativ hohe Zuschlagsdichte von fast 70 kg/m³.

Die Strohhalme sind durch Aufbereitung und Verarbeitung ohne Ausnahme flachgedrückt, nur im Knotenbereich rund, mit inneren Hohlräumen. Außerdem sind die Halme mehr oder weniger aufgespalten, zerfasert, »gespleißt«, besonders bei 3sP und 3nK. Die Vorstellung von runden, lufthaltigen Strohhalmen entspricht nicht der Realität. Trotzdem sind auch mit solchem Stroh relativ niedrige Raumgewichte möglich, wie die Beispiele 2wK und 3sK zeigen.

6.2.3 Zustand

Der Erhaltungszustand auch des ältesten Strohs ist sehr gut. Es bestätigt sich die Tatsache, dass in trockenem Lehm eingeschlossenes Stroh nahezu unbegrenzt haltbar ist. Das Stroh ist stabil und zeigt keine Spuren von Verrottung. Die Farbe ist meist gelb bis rötlich, der jeweiligen Lehmfarbe entsprechend. Nur bei wenigen Kernfüllungsaufträgen ist der Zustand etwas schlechter, die Reißfestigkeit vermindert und die Farbe ins Bräunlichgraue verändert (2wK, 3sK, 5sK, 5nK). Vielleicht liegt das an dem höheren Kuhdunganteil (vgl. 6.1.5). Bei 3sK fällt ein erdiger Geruch auf. Schimmel gibt es bei keinem der Gefache. Erst nach längerer Feuchtigkeit des Auflöseversuchs bildet sich vorübergehend Schimmel an den Proben 3sP, 4sK, 5sP. Manche Halme sind, meist an den Knoten, dunkel verfärbt.

6.3 Raumgewicht

Die Raumgewichte von Kernfüllungen und Lehmputzen sind durchweg niedriger, als man für Strohlehm (i. M. 1500 kg/m³) allgemein annimmt. Die Erstaufträge aus dem 16. Jh. (1100 und 1200 kg/m³) können auch als Leichtlehm bezeichnet werden. Die anderen Kernfüllungen liegen zwischen 1300 und 1500 kg/m³, ebenso die Lehmputze, von wenigen Ausnahmen abgesehen.

Die Raumgewichte der Kernfüllungen und Lehmputze des Hauses Römer sind z. T. wesentlich niedriger als erwartet. Nach der Literatur und Normung [Hölscher u. a. 1947, S. 89][Lehmbau Regeln 2009, S. 26 f] liegen Strohlehme in Bereichen von 1200 bis 1700 kg/m³, beziehungsweise sind sie so definiert. Leichtere Mischungen werden als Leichtlehm bezeichnet. Alle hier untersuchten Strohlehmmischungen liegen in einem Bereich zwischen etwa 1100 und 1500 kg/m³, d. h. sie sind leichter als durchschnittlicher Strohlehm. Die Kernfüllungserstaufträge 2wK und 3sK (16. Jh.) mit 1200 bzw. 1100 kg/m³ und den Lehmputz aus Flachsscheben 4sP kann man schon als Leichtlehm bezeichnen.

Die Erst- und Zweitaufträge der Kernfüllungen liegen in der Regel in etwa gleichen Größenordnungen. Zeitlich gesehen, kann man vereinfachend feststellen, dass die Raumgewichte der ältesten und der jüngeren Kernfüllungen aus den Bauepochen 1289, 1660 und 1710 der Gefache 1, 4 und 5 um einen Wert von 1400 kg/m³ schwanken, während die Gefache 2 und 3 aus dem Jahr 1583 mit etwa 1200 kg/m³ deutlich leichter ausgeführt sind. Die Lehmputze sind im Durchschnitt etwas schwerer als die Kernfüllungen. Der höhere Lehmanteil erleichtert das Auftragen und Verstreichen dieser dünneren Schichten (Abb. 6-32).

Die Wärmedämmung der Strohlehm-Gemische ist direkt vom jeweiligen Raumgewicht abhängig, wir verweisen auf Kapitel 7.2. Für das teilweise sehr niedrige Raumgewicht ist zwar eine gewisse Strohdichte Voraussetzung, aber nicht nur wegen der in und neben den Halmen eingeschlossenen Luft, sondern vor allem zur Verhinderung der Volumenschwindung bei nassem Auftrag. Nur so kann das verdunstete Anmachwasser ein luftgefülltes Porenvolumen hinterlassen, besonders gut sichtbar bei den Erstaufträgen von 1583. Denkbar ist bei diesen Proben auch eine porenbildende Wirkung von Dung oder Jauche, deren Zufügung bei diesen Proben nachweisbar ist.

Abb. 6-23 Leichtlehm Gefach 2wK, innere Hohlräume

Abb. 6-24 Leichtlehm Gefach 3sK, weichplastische Verarbeitung

Abb. 6-25 Hohe Stroh- und Lehmdichte 1oK

Abb. 6-26 Poren im Strohlehm 2sK

Abb. 6-27 Geringe Strohdichte im Lehmputz 1wP2

Abb. 6-28 Geringe Strohdichte im Lehmputz 1wP2

6.4 Strohlehmzusammensetzung

Der Strohanteil bzw. die Strohdichte ist bei allen Kernfüllungen und auch bei Lehmputzen sehr hoch. Über ein Drittel aller Strohlehmproben hat eine Strohdichte um 60 kg/m³. Auch in schweren Mischungen ist sehr viel Stroh enthalten, bedingt durch intensive und sehr weichplastische Aufbereitung. Nur in einigen Lehmputzen ist weniger als 40 kg/m³ Stroh verarbeitet, hier sind Schwindrisse die Folge. Bei den Kernfüllungen ist die Strohdichte der Bindekraft des jeweiligen Lehms angepasst, mit dem Ergebnis rissfreier Ausfachungen.

Im Lehm finden sich auch Fremdkörper und Einschlüsse wie Steine, Tonscherben, Holzstücke usw. – vor allem in den alten Kernfüllungen aus dem 13. und 16. Jh. Dies zeigt, dass der Strohlehm mit Tieren aufbereitet wurde, wie auch schwärzliche Feinfasern, Reste von Dung zeigen. Archäologische Fundstücke wie Glasscherben, Keramik, farbige Wollgewebestücke, Leder, Knochen, geben eine Vorstellung vom Ort der Aufbereitung.

6.4.1 Strohanteil

Das Raumgewicht wird in erster Linie durch den Stroh- bzw. Lehmanteil, aber auch durch die Plastizität des Auftrags bestimmt. Setzt man Raumgewicht und Strohdichte der untersuchten Proben in Beziehung, fallen die für Strohlehm sehr hohen Strohdichten bei Kernfüllungen und z. T. auch bei Lehmputzen auf (Abb. 6-35). Das Stroh ist nicht nur »zugefügt« sondern ist Hauptbestandteil. Über ein Drittel aller Strohlehmproben hat eine Strohdichte um 60 kg/m³. Wie hoch dieser Wert ist, zeigt ein Vergleich mit der Dichte von Ballenstroh, die bei ca. 70 bis 80 kg/m³ liegt.

Verglichen mit den Angaben Niemeyers [Niemeyer 1946, S. 122] für Leichtlehm sind die Strohdichten mancher Kernfüllungen (1oK, 3nK, 5nK) oder Putze (3sP, 4nP) für ihr jeweiliges Raumgewicht erheblich höher (Abb. 6-30). Der Grund dafür kann vor allem darin gesehen werden, dass hier kürzeres, dünneres Stroh verwendet oder das Stroh durch die Aufbereitung (durch Tierhufe) kürzer geworden und flachgequetscht worden ist. Das Stroh ist dann weniger sperrig, es erzeugt weniger Volumen und enthält weniger Lufthohlräume. Auf jeden Fall müssen diese Mischungen länger und mit mehr Wasser weichplastischer aufbereitet worden sein, um solche Mengen an Stroh aufnehmen zu können. Umgekehrt ist bei den Lehmputzen mit besonders geringer Strohdichte (2wP, 1oP und 1wP2) das Stroh weniger »zerkleinert«, länger geschnitten und offensichtlich weniger intensiv aufbereitet worden (auch ein geringerer Feinfaseranteil aus Kuhdung deutet darauf hin).

Schichten mit hohem Stroh- und hohem Lehmanteil wie 1oK und 3sP sind von sehr guter Qualität und Festigkeit. Das Stroh ist hier ineinander verfilzt, der Strohlehm ist sehr fest und dicht, die Haftung auf dem Untergrund sehr gut. Ist die Strohdichte dagegen gering, wie bei manchen Lehmputzen, sind Risse die Folge, besonders bei dickeren Schichten (2wP, 1wP2) (Abb. 6-27).

Magerung mit Stroh

Wenn die Lehme des Limburger Hauses offensichtlich nicht mit Sand gemagert wurden (s. Kap. 6.1.2), stellt sich die Frage, ob Beziehungen zwi-

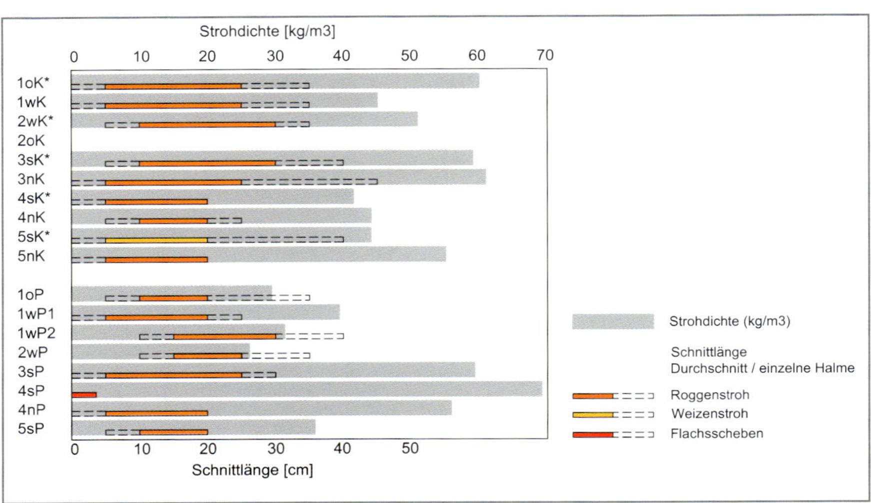

Abb. 6-29 Strohdichte und Schnittlänge

schen Strohdichte und der Bindekraft (oder der Korngrößenverteilung) des verwendeten Lehms bestehen, ob man bei fetterem Lehm mehr Stroh zugemischt hat als bei magerem. Zumindest bei den Kernfüllungen scheint dies zuzutreffen: Bei den alten Gefachen des 13. und 16. Jh. (1, 2 und 3) erfordert bzw. ermöglicht die höhere Bindekraft des Lehms eine hohe Strohdichte. Umgekehrt enthalten die mageren Lößlehme in den Kernfüllungen des 17. und 18. Jh. (4 und 5) geringere Strohmen-

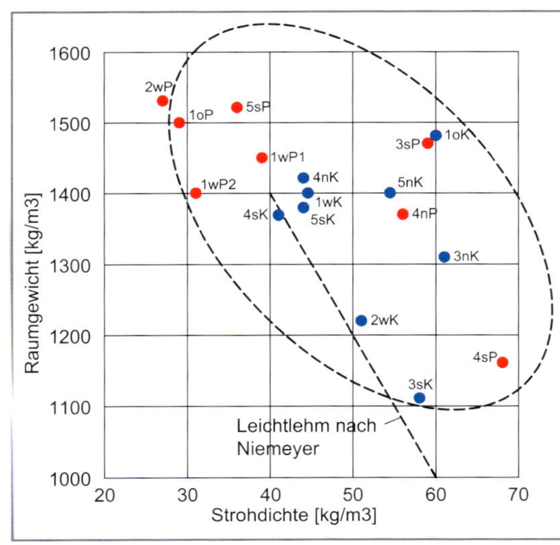

Abb. 6-30 Beziehung zwischen Strohdichte und Raumgewicht

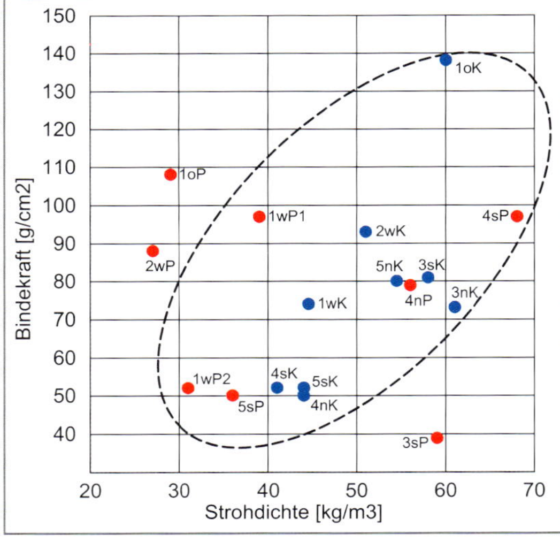

Abb. 6-31 Beziehung zwischen Strohdichte und Bindekraft

gen (Abb. 6-31). Eine Beziehung der Strohdichte zur Korngrößenverteilung (Sandanteil) ist dagegen nicht erkennbar.

Die nahezu rissfreien *Kernfüllungen* können demnach als Ergebnis einer der Bindekraft des Lehms angepassten Strohbeimischung gesehen werden.

Bei der Strohdichte der *Lehmputze* sind weder Beziehungen zur Bindekraft noch zur Korngrößenverteilung festzustellen. Allgemein fällt die geringere Strohbeimischung auf, mit dem Resultat von gewollten oder ungewollten Schrumpfrissen. Rissfrei sind nur Putze, die entweder eine überdurchschnittliche Stroh-/Faserdichte (3sP, 4sP), oder/und einen überdurchschnittlichen Feinsandanteil (3sP, 5sP) haben.

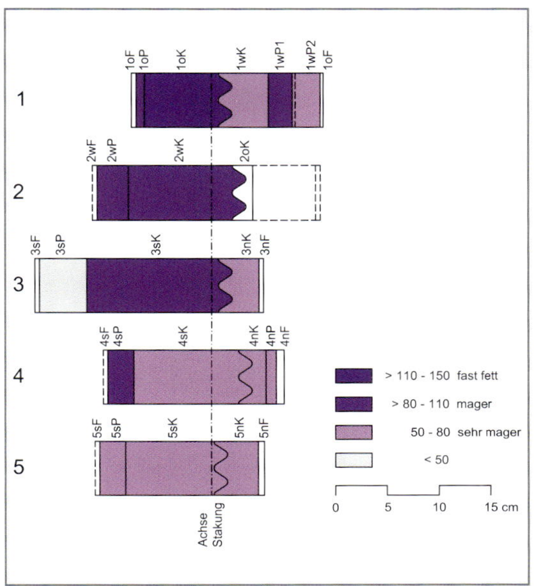

Abb. 6-33 Gefache im Vergleich Bindekraft des Lehms

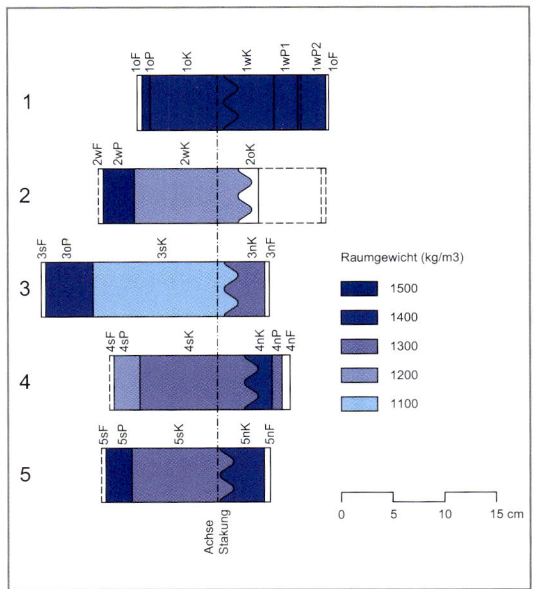

Abb. 6-32 Gefache im Vergleich Raumgewicht

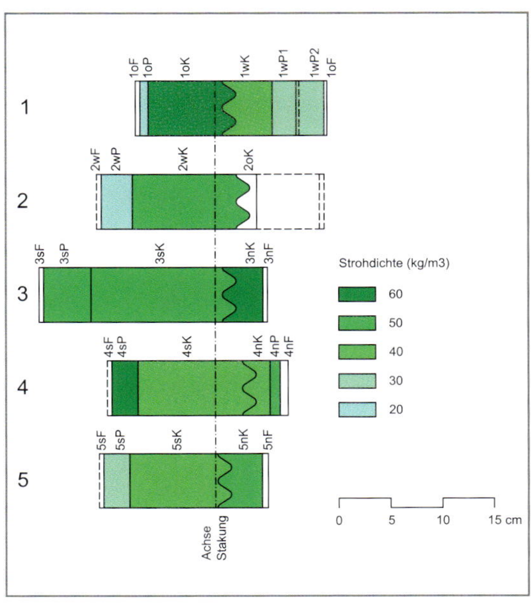

Abb. 6-34 Gefache im Vergleich Strohdichte

Schicht	Raumgewicht kg/m³	Lehmdichte kg/m³	Strohdichte kg/m³	Strohanteil Gew. %
Kernfüllungen, *Erstaufträge:				
3sK*	1110	1052	58	5,2
2wK*	1220	1169	51	4,2
3nK	1310	1249	61	4,7
4sK*	1370	1328	42	3,0
5sK*	1380	1336	44	3,2
2oK				
1wK	1400	1355	45	3,2
5nK	1400	1345	55	3,9
4nK	1422	1378	44	3,1
1oK*	1480	1420	60	4,1
Lehmputze:				
4sP	1160	1091	69	6,0
4nP	1370	1314	56	4,0
1wP2	1400	1368	32	2,3
1wP1	1450	1411	39	2,7
3sP	1470	1411	59	4,0
1oP	1500	1472	28	1,8
5sP	1511	1475	36	2,4
2wP	1530	1503	27	1,7

Abb. 6-35
Raumgewicht und Strohlehmzusammensetzung

6.4.2 Einschlüsse und sonstige Bestandteile im Strohlehm

Grobe Einschlüsse

Die im Strohlehm enthaltenen zufälligen Einschlüsse lassen auf die Art der Aufbereitung rückschließen. Sie sind z. T. so groß, dass eine Aufbereitung durch Treten mit Füßen kaum in Frage kommt. Bis zu 5 cm große Steine, Tonscherben, Holzstücke und -splitter sind eher ein Indiz für die bekannte Aufbereitung durch Tierhufe. Dies fällt besonders bei den Kernfüllungen auf, vor allem der alten Gefache 1, 2 und 3 (13. und 16. Jh.). Auch der z. T. deutlich erkennbare Anteil an sehr kurzen, schwarz-braunen Feinfasern, Reste von Kuh- oder Pferdedung deuten darauf hin.

Größere Mengen wurden offensichtlich in »großem Stil« gemischt. Archäologische Fundstücke wie Glasscherben, Keramik, blaue, gelbe oder rote Wollgewebestücke (1wK, 1wP1, 2wK), Leder, Knochen, Eichenholzstückchen vom Beilen der Staken oder Aststücke geben eine Vorstellung von dem Ort der Aufbereitung. Vielleicht entstammen die eher als »Hausmüll« zu bezeichnenden Gegenstän-

Abb. 6-36 Schiefer- und Kalkmörtelschutt im Strohlehm 5nK

Abb. 6-37 Einschlüsse Kies, Kalkmörtel im Strohlehm 1oK

Abb. 6-38 Holzsplitter im Strohlehm 1oK

Abb. 6-39 Kalkknolleneinschlüsse im Strohlehm 4sK

de auch tieferen Bodenschichten, die beim Ausheben einer Grube zum Einsumpfen des Lehms freigelegt wurden. Es fällt auf, dass in keiner Probe Laub zu finden ist. Weitere Fundstücke sind kleine Holzkohlestückchen und vereinzelt schwarze (verkoh te?) Getreidekörner und Pflanzensamen.

Kalkputzreste

Kalkputzreste aus früheren Bauepochen sind besonders in den Kernfüllungserstaufträgen der Umbauten von 1583 und 1710, Gefache 2, 3 und 5 zu finden. Es sind dies bis zu 2 cm große, meist 4 bis 6 mm dicke Putzstückchen, z. T. noch mit erhaltenen Anstrichresten. Aber auch in Zweitaufträgen

Abb. 6-40 Grobe Einschlüsse im Strohlehm 3sK

Abb. 6-41 Glas, Eisen, 3sK

Abb. 6-42 Samen, Getreidekörner 1wK

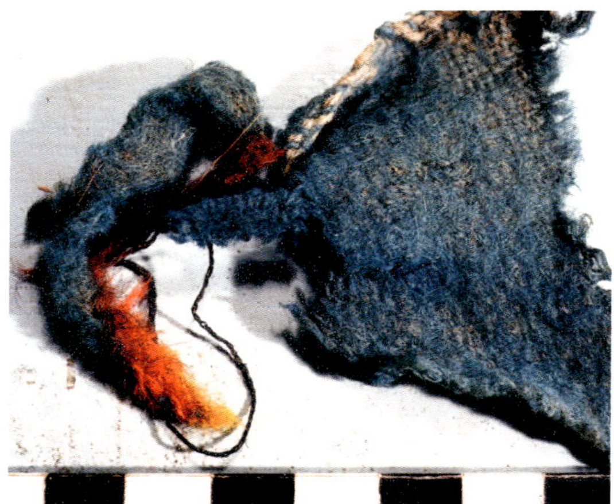

Abb. 6-43 Wollgewebe im Strohlehm 1wK

und Lehmputzen ist mit wenigen Ausnahmen Kalkmörtel enthalten, nur wesentlich feiner (ca. 2 mm). Wahrscheinlich sind sie am Mischplatz als Reste des beim jeweiligen Umbau anfallenden Bauschutts zufällig in den Lehm geraten, vor der Aufbereitung der Lehmputze wurde der Boden vielleicht gründlicher gefegt. Es ist aber auch denkbar, dass sie mit einer Wiederaufbereitung, Mitverwendung alter, mehr oder weniger vom Putz befreiten, Gefache zwangsläufig in die neu angemischte Strohlehmmasse gerieten. Sogar in der Kernfüllung des ältesten Gefachs 1oK von 1289 findet sich ein Stück Kalkmörtel (Abb. 6-37).

Schiefer

Auffällig sind bis 5 cm große Stücke schwarzen Schiefers in den alten Kernfüllungen 1, 2 und 3. Kleinere Stücke (um 5 mm) finden sich auch in den Lehmputzen dieser alten Gefache. Da sie in gelben und roten Lehmen vorkommen, dürfte es sich hier um Bauschutt handeln (Dachschiefer?), der bei der Aufbereitung in den Lehm geraten ist. Grünlich-schiefrige Gesteinsbrocken finden sich nur in 5nK (1710). Bauschutt von Steinmetzen? (Abb. 6-36)

Natürliche Lehmeinschlüsse

Kleine rot-weiße Tonknollen und Klumpen bis 3 cm Größe sind in den rötlichen Lehmen der alten Kernfüllungs-Erstaufträge 1oK, 2wK und 3sK enthalten. Trotz guter Aufbereitung haben sie sich nicht mit der übrigen Masse und dem Stroh vermischt.

Kalkknollen, auch als »Kalkmännchen« bezeichnete knollenartige Kalkeinschlüsse sind für Lößlehm typisch. Sie finden sich in Millimetergröße in vielen, aber nicht allen, gelben bis braunen Lehmen der untersuchten Proben, vor allem aber den mageren Lößlehmen der »jüngeren« Kernfüllungen 4sK, 4nK und 5sK, hier allerdings 2 bis 3 cm, bei 4sK bis 6 cm groß (Abb. 6-39). Grobe Einschlüsse wie Steine, Holzstücke, Kalkputzstücke oder Lößlehmknollen sind in den Lehmputzen selten. Man hat sich bei der Aufbereitung offensichtlich mehr Mühe gegeben, um den dünneren Auftrag und das Glätten zu erleichtern.

7 Neuausfachung mit Lehm

7.1 Vorbemerkung

Für eine Reparatur oder eine evtl. erforderliche Neuausfachung der Lehmgefache eines historischen Fachwerkbaus ist die Verwendung von Lehm als Baustoff heute nicht nur durch ökologische Argumente aktualisiert. Wir besinnen uns auf manche Vorteile der alten Lehmausfachungen, gerade auch nach oft schlechten Erfahrungen mit anderen Baustoffen. Lehm ist stets wiederverwendbar. Alter Gefachlehm kann repariert werden oder, neu aufbereitet, an anderer Stelle wieder eingebaut werden. Gegenüber Mauerwerk hat die Lehmausfachung den Vorteil einer festeren Verbindung mit dem Fachwerk und eine größere Elastizität. Steine müssen zugehauen werden, Lehm passt sich an. Das Fachwerk zeigt sich in Lehmausfachungen dauerhafter, weil die geringe Gleichgewichtsfeuchte des Lehms (2 – 5 %) das Holz (15 %) trocken hält. In Fugen eingedrungene Feuchtigkeit wird durch den Lehm schnell und zuverlässig wieder abgeführt, aufgrund seiner sehr guten kapillaren Leitfähigkeit. Dagegen ist bei Mauerwerk, vor allem bei Verwendung von hydraulischem Mörtel, das Wasser im Spalt zwischen Holz und Ausfachung länger gefangen. Ein Ausspritzen der Fugen würde den Effekt verstärken. Gerade an ungepflegten, vernachlässigten Lehmfachwerkbauten kann das Holz in völlig unversehrtem Zustand erhalten sein, während es nach einer »fachgerechten« Sanierung schon nach wenigen Jahren vermodert. Die Überlegenheit der Lehmausfachung liegt in ihrer substanzerhaltenden, trockenhaltenden Wirkung. Die bekannte Wasserempfindlichkeit von Lehm ist ein geringeres Problem als gemeinhin angenommen. Eine verbreitete Vorstellung hält Lehmwände in unseren regnerischen Breiten nicht für möglich – wider alle Anschauung Jahrhunderte alter Lehmfachwerkhäuser. Ein Nachteil der alten Lehmausfachung ist allerdings der für heutige Maßstäbe geringe Wärmeschutz. In üblichen Wandstärken von 15 bis 20 cm sind solche Wände zumindest rechnerisch noch nicht einmal tauwasserfrei (s. u.). Heutige Dämmvorschriften bedenkenlos auf Fachwerkhäuser anzuwenden, kann bei Verwendung ungeeigneter Bau- und Dämmstoffe die Substanz gefährden, weshalb diese Vorschriften für Fachwerkhäuser zur Substanzerhaltung nicht anzuwenden sind. Trotzdem ist verbesserte Wärmedämmung heute geboten. Das Problem der Neuausfachung besteht darin, Konstruktionen mit den Vorteilen, aber ohne die Nachteile der historischen Ausfachungen zu finden. Bei einer neuen Nutzung wird die Konstruktion der Außenwände, wenn sie ausreichend wärmedämmend sein soll, auf jeden Fall von dem vorgefundenen »Original« abweichen, bzw. dieses weiterentwickeln zu einer zeitgemäßen Konstruktion. Grundsätzlich stellt sich hier auch die Frage, inwieweit das Ziel einer aus denkmalpflegerischem Interesse möglichst originalgetreuen Wiederherstellung der Lehmgefache erfüllt werden kann. Auch aus anderen, praktischen Gründen wird man eine »Originaltreue« nicht wörtlich nehmen können: Es wäre z. B. Unsinn, nach Langstroh zu suchen, um es dann zu häckseln, wenn auch normales Ballenstroh gut, vielleicht noch besser geeignet ist. Oder die Aufbereitung durch Tierhufe nachzuahmen, wenn heutige Mischtechnik das Gleiche besser leistet. Schließlich zeigt die Untersuchung zwar die Ähnlichkeiten, aber auch eine weite Variationsbreite der Technik und der Zutaten. Es gibt vor allem auch Qualitätsunterschiede. Ziel kann deshalb nicht die blinde Nachahmung eines vermeintlichen Originals sein, sondern in der Verschiedenartigkeit die Qualitäten der alten Technik erkennen und daraus zu lernen, um zusammen mit heutigen Erkenntnissen und Möglichkeiten geeignete Techniken und Konstruktionen für die Neuausfachung zu entwickeln.

7.2 Möglichkeiten eines verbesserten Wärmeschutzes

Die Raumgewichte der untersuchten Strohlehme liegen zwischen ca. 1100 und 1500 kg/m^3, dem entsprechen Wärmeleitzahlen von 0,41 bis 0,65 W/mK [Lehmbau Regeln 2009][DIN 4108 2002]. Unter Vernachlässigung der Kalkputze, sowie der dämmenden Wirkung des Geflechts müsste eine Strohlehmwand in folgenden Dicken ausgeführt werden, um den Mindestwärmedurchlasswiderstand von 0,55 m^{2}K/W nach DIN 4108 zu erreichen. Dieser entspricht einem U-Wert von 1,4 W/m^{2}K.

Wärmedurchlasswiderstand $1/\Lambda$ = 0,55 m^{2}K/W		
(U-Wert = ca. 1,4 W/m^{2}K)		
Raumgewicht kg/m^3	**Wärmeleitzahl [1] W/mK**	**erforderliche Wanddicke cm**
1000	0,35	19
1100	0,41	22
1200	0,47	26
1300	0,53	29
1400	0,59	32

1) [DIN V 4108-2002]

Abb. 7-1 Erforderliche Wanddicken mit Mindestwärmeschutz nach DIN 4108

Dieser Mindestwärmeschutz wäre für tauwasserfreie Innenwandoberflächen erforderlich. Das heißt, für Neuausfachungen würde nur sehr leichter, schon als Leichtlehm zu bezeichnender Strohlehm in einer dem Bestand vergleichbaren Wanddicke von etwa 20 bis 25 cm (einschl. innerem balkenüberdeckenden Strohlehmputz) ausreichen. Im Sinne der Energieeinsparung und Behaglichkeit sollte aber eine bessere Wärmedämmung der Außenwände erzielt werden. Die Einhaltung erhöhter Wärmeschutzvorschriften würde allerdings schnell zu Lösungen führen, die nicht mehr viel Gemeinsames mit dem historischen Vorbild haben: Größere Wanddicken, andere Konstruktionen und Baustoffe, vor allem Einsatz von Dämmstoffen. Als Kompromiss könnte ein U-Wert von etwa

Abb. 7-2 Leichtlehm-Neuausfachung 30 cm, Alsfeld, Markt

Abb. 7-3 Strohlehm auf Geflecht mit Leichtlehminnenschale, Foto P. Breidenbach

1,0 W/m²K und eine Wanddicke von nicht mehr als 25 cm angestrebt werden. Als Möglichkeiten, die Wärmedämmung mit Lehmbaustoffen zu verbessern, kommen in Betracht:

1. Neuausfachung mit Leichtlehm mit einem Raumgewicht von nicht mehr als 800 kg/m³. Bei 25 cm Wanddicke ergibt sich ein k-Wert von ca. 0,8 W/m²K. Solche Leichtlehmkonstruktionen haben sich bei Fachwerkneuausfachungen und bei neuen Holzskelettbauten bewährt, hier meist mit 30 cm dicken Wänden [Volhard 1985][Lamers 2000]. Im kleinteiligen Fachwerk ist das Einstampfen des Leichtlehms zwischen Schalbrettern wegen der zahlreichen waagrechten Holzteile erschwert. Bei Sichtfachwerk ist das Zurücksetzen der Ausfachung für den Außenputz etwas aufwändig.

2. Kombination aus äußerer Strohlehmwand und innerer Leichtlehm-Dämmschicht: Ein Vorteil ist ein ähnlicher Wandaufbau dort, wo auch alte Strohlehmgefache erhalten werden können. Neue Strohlehmwände werden möglichst dünn, etwa 8 bis 9 cm, in der Ebene des Fachwerks auf Geflecht aufgetragen, der Leichtlehm innen etwa 16 cm stark in Schalung gestampft. Mit einem leichten Strohlehm (1200 kg/m³) außen und einem mittleren Leichtlehm (800 kg/m³) innen ergibt sich ohne Putz ein U-Wert von etwa 1,0 W/m²K.

3. Eine dritte Möglichkeit der Neuausfachung mit Lehm wäre die Verwendung eines mittleren Leichtlehms (800 bis 900 kg/m³) im Auftragsverfahren, ohne Schalung. Dabei würde eine gute Wärmedämmung mit einer dem Fachwerkbau entsprechenden Auftragsmethode kombiniert. Wir denken an einen der Wickeltechnik des Gefachs 4 (17. Jh.)

Schicht	**s (m)**	**λ (W/mK)**		**s/λ (m²K/W)**	
Strohlehm 1200	0,09	0,47		0,19	
Leichtlehm 800	0,16	0,25		0,64	
Wanddicke o. Putz	0,25		$1/\Lambda$ =	0,83	
			$1/\alpha$ i+a =	0,17	
			1/U =	1,00	m²K/W
			U =	1,00	W/m²K

Abb. 7-4
U-Wert Berechnung Außenwand

ähnlichen Auftrag oder an das in die Flechtruten eingreifende Aufeinanderlegen von Strohlehmpatzen bei Gefach 2 und 3 (16. Jh.). Die Frage ist, ob ein mittelschwerer Leichtlehm, in dem nur relativ wenig Lehm enthalten ist, sich für einen Auftrag auf Geflecht eignet. Das Herstellen ebener Oberflächen dürfte mehr Geschick erfordern als bei den anderen Varianten. Immerhin gibt es auch historische Ausfachungen mit Raumgewichten zwischen 800 und 1100 kg/m³ [Vanros 1981].

4. Für die Ausführung der Innenschale wird heute auch Holzleichtlehm in verlorener Schalung aus Schilfrohrmatten oder Lehmplatten eingesetzt. Höheren Ansprüchen an Wärmedämmung genügen Konstruktionen mit inneren Schichten aus Dämmstoffen unter der Voraussetzung derer kapillaren Feuchteleitfähigkeit. Zwei Beispiele: Außenschale Bestand, neuer Strohlehmauftrag oder Leichtlehmsteinmauerwerk in Lehmmörtel (700 - 1200 kg/m³), Innendämmung pflanzliche Faserdämmstoffe, bekleidet mit Lehm- oder anderen Trockenbauplatten oder plattenförmige kapillar leitfähige Dämmstoffe mit Lehmmörtel aufgeklebt und raumseitig verputzt.

7.3 Ausführung

7.3.1 Außenwände

Für die Neuausfachung des Hauses Römer 2-6 wurde für die Außenwände die zur Zeit der Ausführung bewährte Kombination von äußerem Bewurf auf Flechtwerk und innerer Leichtlehmwand gewählt. Als Staken werden wiederverwendete oder neu gesägte Eichenlatten mit einem Querschnitt von ca. 28 x 60 mm, an den Enden mit dem Beil angespitzt, in Nuten eingeschlagen, die im Gefach etwa 6 cm zurückgesetzt sind. Ein Gefach erhält mindestens drei in der Regel senkrechte Staken. Bei unregelmäßigen Gefachen können sie auch schräg oder waagrecht liegen. Am Rand bleibt ein etwa 2 cm breiter Abstand, damit der Strohlehm durchgreifen kann. Die Flechtruten aus Weide, rund bis 20 mm Durchmesser, bei größerem Querschnitt gespalten, werden in daumenbreitem Abstand, etwa 2 bis 3 cm in die Stakung geflochten. Ihr Mittenabstand ist dann 4 bis 5 cm und entspricht den Befunden.

Der erste Bewurf wird von außen aufgetragen. Er ist etwa 2 cm zurückgesetzt, zur Aufnahme des späteren Kalkputzes. Der Auftrag greift über die Ruten durch die Zwischenräume nach innen, soweit wie möglich. Die Dicke des Erstauftrags bis Stakenmitte ist etwa 4 cm, die Gesamtdicke 8 bis 9 cm. Nach mehrtägigem Antrocknen dieser Schicht wird der innere Bewurf aufgetragen. Er findet genügend Haftstellen an den nicht belegten Flechtrutenstücken und dem tiefen Relief der Rückseite des Erstauftrags. Er wird nur flüchtig geglättet. Die Gesamtdicke des Bewurfs genügt mit 9 cm, sollte auch nicht dicker sein, um der inneren Leichtlehmschicht genügend Raum zu lassen. Diese wird nach Austrocknung der Außenschale in bewährter Dicke von ca. 15 cm ausgeführt [Volhard 1983, S. 82; 1995, S. 94] [Leszner-Stein 1987, S. 79]. Nach der Austrocknung ist die ebene, strohhaltige Oberfläche zwar direkt mit Kalk verputzbar, bei magerem Lehm empfiehlt sich aber ein (Stroh-) Lehmunterputz. Außen muss die glattgestrichene Strohlehmoberfläche für die Kalkputzhaftung vorbereitet werden. Hierzu wird die noch weiche Oberfläche mit einem Nagelbrett etwa 10 mm tief dicht gelöchert, in ei-

Abb. 7-5 Neue Ausstakung mit Flechtwerk

Abb. 7-6 Neuer Erstauftrag

Abb. 7-7 Flechtwerk und Strohlehmbewurf der Innenwände

nem Nagelabstand von ebenfalls 10 mm. Die Gesamtdicke der Lehmwand beträgt ohne Putz 25 cm.

7.3.2 Innenwände

Die Innenwände können wie die äußere Schale der Außenwände ausgeführt werden, in einer dem Fachwerk entsprechenden Dicke. Da es hier nicht auf eine gute Wärmedämmung ankommt, kann man eine Wiederanwendung der historischen Vorbilder versuchen, ansonsten ist Ausmauerung mit Lehmsteinen die wirtschaftliche Alternative.

Abb. 7-8 Leichtlehminnenschale

Abb. 7-9 Gelöcherter Lehmuntergrund für Kalkputzauftrag

Abb. 7-10 Auftrag des Haarkalkputzes

Abb. 7-11 Außenputzarbeiten
Alle Fotos dieser Doppelseite: P. Breidenbach

Abb. 7-13 Fertiggestellte Ostfassade

Abb. 7-14 Fertiggestellte Nordfassade
Beide Fotos: P. Breidenbach

7.3.3 Strohlehmzusammensetzung

Es scheint zunächst schwierig, aus der Analyse der Strohlehme im Haus Römer Rezepte für Neuausfachungen abzuleiten. Die vorgefundenen Qualitäten des Lehms und des Strohs sind – innerhalb gewisser Grenzen – sehr verschieden; aber auch die Mischungsverhältnisse, die, wie die Untersuchung zeigt und die Erfahrung bestätigt, nicht unbedingt mit dem jeweiligen Raumgewicht in Beziehung stehen, da dieses auch von anderen Faktoren mitbestimmt wird (Qualität der Zutaten, Verarbeitung). Rezepte im Lehmbau sind – wenn es auf bestimmte Ergebnisse wie ein gewünschtes Raumgewicht ankommt – wegen der zunächst unbekannten Zutaten nur durch Versuche, Probewürfel, Probewände zu ermitteln. Von Vorteil sind daher Handwerker, die bereits über Erfahrungen verfügen. Die folgenden, die Untersuchungsergebnisse einbeziehenden Empfehlungen für die Strohlehm- und Leichtlehmmischungen können nur Orientierung sein und Grenzen abstecken.

Strohlehm

- Lehmauswahl: Wie die Untersuchungsergebnisse zeigen, kann für Strohlehm »magerer« bis »sehr magerer« Lehm mit einer Bindekraft von 50 bis 110 g/cm^2 verwendet werden. Fetterer Lehm ist ebenfalls geeignet, ihn mit Sand zu magern, wäre unnötig umständlich. Die untersuchten Lehme zeigen einen gleichmäßigen Verlauf der Körnungslinie, der nicht auf eine absichtliche Sand-Beimischung hindeutet. Diese wäre auch nur bei sehr geringer Strohdichte zur Vermeidung der Trockenschwindung erforderlich. Bei magerem Lehm und ausreichender

Strohzumischung ist eine Sandzugabe nicht erforderlich.

- Stroh: Heutiges Stroh aus Pressballen entspricht zwar weniger dem historischen Vorbild, ist aber, wie die Erfahrung gezeigt hat, vielleicht sogar besser für Strohlehm geeignet als das frühere Langstroh. Durch das Mähdreschen und Pressen ist Ballenstroh so geknickt und zerkleinert, dass sich ein Schneiden und Häckseln evtl. erübrigt. Am besten bewährt hat sich Roggenstroh mit feinen, aber stabilen Halmen.
- Mischungsverhältnis: Das Mischungsverhältnis Lehm – Stroh muss wie gesagt auf der Baustelle ermittelt werden. Für leichteren Strohlehm, mit einem Raumgewicht von etwa 1200 kg/m³ rechnet man eine Strohdichte von etwa 50 – 60 kg/m³, bei grobem Stroh weniger, bei feinem mehr. Das Trockengewicht des zugemischten Lehms ergibt sich aus der Differenz. Für genaue Rezepte müssten die Trockengewichte des angelieferten Lehms und Strohs ermittelt und auf die verwendeten Raummaße umgerechnet werden: Strohballen, Eimer, Bottich, Schaufel. Da es aber auf die umständliche Einhaltung genauer Mischungsverhältnisse nicht ankommen kann, sondern nur auf eine bestimmte Qualität, kann man das Mischrezept auch anders formulieren: Möglichst viel Stroh und Lehm nur soviel, wie nötig ist, die Masse plastisch auftragen zu können. Vielleicht genügt es auch, die anfangs zitierte Herstellungsanweisung »Strohlehm« wörtlich zu nehmen. Die fertig gemischte Masse soll eher an Stalldung erinnern, als etwas mit Lehmklumpen zu tun zu haben.
- Aufbereitung: Um viel Stroh aufnehmen zu können, muss der Lehm breiig aufbereitet werden. Dadurch werden auch die bindekräftigen Bestandteile optimal aufgeschlossen und eine größtmögliche Festigkeit erreicht. Die normalerweise bei nasser Aufbereitung zu erwartende Trockenschwindung wird durch das Stroh verhindert. Das Volumen des Anmachwassers hinterlässt dafür nach der Trocknung eine Vielzahl von Luftporen, die den Lehm leichter (und wärmedämmender) machen.
- Auftrag: Der Auftrag soll möglichst luftig und leicht sein, um innere Lufthohlräume zu erhalten. Der sehr strohhaltige Lehm kann zur Erzielung einer ebenen Fläche geschlagen und anschließend mit dem Brett verstrichen werden.

Leichtlehm

- Lehmauswahl: Für mittleren Leichtlehm mit 800 kg/m³ Raumgewicht kann der gleiche magere Lehm wie für Strohlehm verwendet werden. Vorzuziehen ist jedoch ein nicht zu magerer Lehm ab 70 kg/cm² Bindekraft, besonders dann, wenn noch leichtere Mischungen bis 600 kg/m³ beabsichtigt sind. Auch »fast fetter Lehm« (über 110 g/cm²) ist brauchbar, wenn auch schwerer aufzubereiten. Eine Sandzugabe ist bei Leichtlehm ebenfalls nicht erforderlich.
- Stroh: Jede Art Ballenstroh ist ohne weitere Zerkleinerung verwendbar, Roggen- oder Weizenstroh ist bei gestampften Wänden wegen geringerer Setzungsgefahr vorzuziehen. Gerstenstroh ist weniger geeignet.
- Andere Leichtzuschläge: Für die Leichtlehmaufbereitung haben sich auch Holzhackschnitzel bewährt.
- Mischungsverhältnis: Für ein mittleres Raumgewicht von 800 kg/m³ rechnet man etwa 70 kg/m³ Stroh. Der Lehm wird zu einer Schlämme verflüssigt, damit nicht mehr als zur Verklebung der Strohhalme nötig ist, in der Masse enthalten ist. Durch die sperrige Wir-

kung des Strohs und den geringen Lehmanteil entstehen zwischen den Strohhalmen Lufthohlräume, die die gewünschte Wärmedämmung erzeugen. Die aufbereitete Leichtlehmmasse soll man als »lehmiges Stroh« bezeichnen können. Nach genügendem Mauken wird die Masse wieder klebrig und kann eingestampft werden. Zur Mischtechnik und sonstigen Einzelheiten der Leichtlehmtechnik verweisen wir auf die Literatur [Volhard 1995, 2008].

7.3.4 Innen- und Außenputz

Leider sind alte Außenputze im Römer nicht erhalten. Die bei der Untersuchung der Innenputze gefundenen Merkmale und Qualitätsunterschiede entsprechen anderen regionalen Befunden und treffen mit großer Wahrscheinlichkeit auch für die Außenputze zu. Sichere Empfehlungen können aber kaum ausgesprochen werden. Um beim Außenputz ein Risiko auszuschließen, sind auch die Erfahrungen des Handwerkers gefragt. Hierbei können die bei der Untersuchung gefundenen Qualitätsmerkmale einfließen.

Strohlehmoberflächen müssen zur Haftung des Kalkputzes vorbereitet werden, entweder durch »Rautenstrich«, rautenförmiges Kratzen der noch weichen Oberfläche mit der Kelle oder einem Holzstück, um Strohhalme freizulegen, an denen sich die Putzschicht aufhängen kann. Oder durch dichtes Löchern mit einem Nagelbrett, dies vor allem dann, wenn der Untergrund wenig Stroh enthält. Leichtlehmflächen brauchen zur Putzhaftung nicht vorbereitet werden. Empfehlenswert ist ein Strohlehm-Unterputz mit hoher Strohdichte, der über den eingestampften Abstandslatten und sonstigen Holzteilen gleichzeitig Putzträger ist.

Kalk-Innenputz

Der Innenputz kann, wie das historische Vorbild, auf Strohlehmuntergrund einlagig und sehr dünn, in ca. 5 mm Stärke ausgeführt werden. Ein mehrfach erprobtes Mörtelrezept ähnelt den besseren der untersuchten Putze: [Breidenbach 1990]

1 Eimer Sumpfkalk
5 Eimer Sand 0 - 4 mm, gewaschen, runde Körnung
1/2 Eimer Tierhaare (besser: soviel wie möglich)
250 g Magerquark

Der Untergrund wird gründlich angenässt, damit die Haare und das Kieskorn sich mit der Oberfläche verbinden können. Der Putz wird mit einer kleinen Kelle aufgetragen und mehrmals unter Druck glättend angepresst.

Kalk-Außenputz

Außen wäre ein so dünner Kalkputz heute sehr ungewöhnlich. An regengeschützten Hausseiten erscheint er immerhin möglich. Die Witterungs- und Frostbeständigkeit wäre in jedem Fall vor einer gesicherten Anwendung zu erproben. Für die beabsichtige fachwerksichtige Fassung des Hauses Römer wurde ein bewährter zweilagiger Putzaufbau gewählt. Der Unterputz wird in 10 mm, der Oberputz in 5 mm Dicke aufgetragen. Für beide Lagen wird derselbe Mörtel wie oben verwendet. An den Seiten des Gefachs und oben liegt die Putzoberfläche um wenige mm zurück, unten ist sie auf Holzvorderkante ausgezogen, damit das Wasser über den Riegel ablaufen kann.

Eine Dokumentation des Umbaus des Hauses Römer 2-6 findet sich in [Schirrmacher 1991].

8 Anmerkungen

[Breidenbach 1990] Angaben Fa. P. Breidenbach, Viersen

[CRATerre 1986] Odul, P.; Houben, H.; Doat, P.; Guillaud, H. (CRATerre): Identification et Critères de Sélection des Terres, CRATerre, F-Villefontaine, 1986

[DIN 18123] DIN 18123, Baugrund, Untersuchung von Bodenproben. Bestimmung der Korngrößenverteilung, 1983, 1996

[DIN 18196-1970] DIN 18196, Erdbau, Bodenklassifikation für bautechnische Zwecke und Methoden zum Erkennen von Bodengruppen, 1970

[DIN 18951 1951] DIN 18951, Lehmbauten, Vorschriften für die Ausführung, Bl.1 Lehmbauordnung, Bl.2 Erläuterungen, 1951, Nachdruck z. B. in: Sieber, H. (Hrsg.), Baustoff Lehm: Sammlung Lehmbauverfahren, Karlsruhe 1988

[DIN 18952-2 1956] DIN 18952 Blatt 2 Baulehm, Prüfung von Baulehm, 1956. Nachdruck z. B. in: Baustoff Lehm: Sammlung Lehmbauverfahren, Karlsruhe 1988; in: Volhard, Leichtlehmbau;in: Lehmbau Regeln

[DIN 4022-1 1969] DIN 4022 Bl.1, Baugrund und Grundwasser, Benennen und Beschreiben von Bodenarten und Fels, 1969

[DIN V 4108 2002] DIN V 4108-4. Wärmeschutz und Energieeinsparung in Gebäuden. Teil 4: Wärme- und feuchteschutztechnische Kennwerte, 2002

[Fauth 1946] Fauth, Wilhelm: Der praktische Lehmbau, Wiesbaden 1946

[Grebe 1943] Grebe, Wilhelm: Handbuch für das Bauen auf dem Lande, Berlin 1943

[Grönlund 1990] Für die Bestimmungsversuche danke ich Herrn Grönlund, Baumschule Appel, Griesheim

[Holl-Ziegert 2002] Holl, H.-G., Ziegert, C.: Vergleichende Untersuchungen zum Sorptionsverhalten von Werktrockenmörteln. Kirchbauhof gGmbH (Hrsg.), Peter Steingass, Moderner Lehmbau 2002, Internationale Beiträge zum modernen Lehmbau, Fraunhofer IRB Verlag, 2002, S. 91 - 101

[Hölscher u. a. 1947] Hölscher, W.; Wambsganz, L.; Dittus, W.: Die baurechtliche Regelung des Lehmbaus und des landwirtschaftlichen Bauwesens - Lehmbauordnung, Berlin 1947

[Kezdi 1969] Kézdi, Arpád: Handbuch der Bodenmechanik, Band 1, Bodenphysik, Berlin, Budapest 1969

[Klein 1992] Klein, Ulrich: Farbbefunde und Stuck. Das Gotische Haus Römer 2-4-6, Magistrat der Stadt Limburg (Hrsg.), Limburg a. d. Lahn, Forschungen zur Altstadt, 1992, Heft 1, S. 225 - 233, ISBN 3-9802789-3-x

[Krünitz 1796] Beyträge zur Nürnberger Handwerksgeschichte im 5. St. des Journ. von u. für Deutschl. v. J.1785, aus: Krünitzsche Enzyklopädie, Bd. 70, 1796, in: Hildegard Erhard: Kleine Geschichte der Lehmarchitektur in Deutschland, in: Lehmarchitektur, München 1982, S. 200

[Lamers 2000] Lamers, Reinhard; Rosenzweig, Daniel; Abel. Ruth: Bewährung innengedämmter Fachwerkbauten. Bauforschungsergebnisse des Bundesministeriums für Verkehr, Bau- und Wohnungswesen. Fraunhofer IRB Verlag Stuttgart, Bauforschung für die Praxis Band 54, 2000

[Lehmbau Regeln 1999, 2009] Volhard, Franz; Röhlen, Ulrich: Lehmbau Regeln. Dachverband Lehm (Hrsg.), Wiesbaden: Vieweg Verlag, 1999, 3. Auflage 2009

[Leszner-Stein 1987] Leszner, Tamara; Stein, Ingolf: Lehmfachwerk. Köln 1987

[Niemeyer 1946] Richard Niemeyer: Der Lehmbau und seine praktische Anwendung, Hamburg 1946, Neuauflage Grebenstein, 1982

[Preßler 1985] Preßler, Erhard: Das Ausfachen mit Lehm. Eine Zusammenfassung von Beiträgen aus dem Mitteilungsblatt Der Holznagel, Interessengemeinschaft Bauernhaus e. V. 2833 Kirchseelte Veertein, 1985, S. 20

[Reuter 1919] Reuter, Karl: Lehmfachbau in Franken, Zeitschrift für Wohnungswesen in Bayern Nr. 7/8 1919, S. 101 ff

[Reuter 1922] Reuter, Karl: Die Lehrkolonie Marienberg-Würzburg. Schriften des Bayrischen Landesvereins zur Förderung des Wohnungswesens e. V., H. 20, München 1922

[Schirrmacher 1991] Schirrmacher, Ernst: 700 Jahre alt. Gotisches Haus »Römer 2-4-6« in Limburg. db Deutsche Bauzeitung Heft 1, 1991, S. 28 - 37

[Schlüter 1990] Für die Bestimmung des Strohs danke ich Herrn Dr. Schlüter, Hessische Landwirtschaftliche Untersuchungsanstalt, Darmstadt

[Strotmann 1993] Strotmann, Rochus: Untersuchungen zur Restaurierung von kalkputztragenden Wänden aus Strohlehm. Diplomarbeit FH Köln, 1993

[Vanros 1981] Vanros, Guy: Studie van bouwfysische Kenmerken van Lemen Vakwerkwanden, Abschlussarbeit an der Katholischen Universität Leuven, Belgien 1981

[Volhard 1983, 1995, 2008] Volhard, Franz: Leichtlehmbau. Alter Baustoff - neue Technik. C. F. Müller, Karlsruhe 1983, Heidelberg 1995, 6. Auflage 2008

[Volhard 1985] Volhard, Franz: Anwendung von Leichtlehm im Holzskelettbau und der Fachwerksanierung. In: Bauen mit Lehm, Heft 3: Lehm im Fachwerkbau, Freiburg 1985

[Volhard 1992] Volhard, Franz: Strohlehmausfachungen und Lehmputze. Das Gotische Haus Römer 2-4-6, Magistrat der Stadt Limburg (Hrsg.), Limburg a. d. Lahn, Forschungen zur Altstadt, 1992, Heft 1, S. 212 - 224, ISBN 3-9802789-3-x

[Wagner 1947] Wagner, Wilhelm: Anleitung zur Untersuchung und Beurteilung von Baulehmen, Wiesbaden, 1947

[Wiechmann 1986] Wiechmann, Horst, Institut für Bodenkunde der Universität Bonn: Eigenschaften des Lehmanteils in Fachwerken. In: Rheinisches Freilichtmuseum und Landesmuseum für Volkskunde in Kommern (Hrsg.), Lehm im Fachwerkbau, Tagungsbericht, Köln 1986, S. 63 - 72

Gotisches Haus, Römer 2-4-6 in Limburg, Lahn
Untersuchung der historischen Strohlehmausfachungen und Lehmputze

Kernfüllung, Lehmputz	Gefach:
Schicht Nr.:	

Rohdichte und Gewichtsanteile

Ermittlung der Rohdichte:
Masse nach Trocknung: mtr = ... g

Volumen: V = ... dm3

Rohdichte: $\rho = \frac{mtr}{V}$ = ... g/dm3

Ermittlung der Gewichtsanteile:

Stroh/Faserstoffmasse, trocken: mFtr = ... g

Faserstoffanteil: $\frac{mFtr}{mtr} \times 100 = \frac{\quad}{\quad} \times 100$

= .... Gewichts %

Strohdichte in kg/m3 Strohlehm: $\frac{mFtr}{V}$ = ———— g/dm3

= kg/dm3

Auftragsmethode

Abmessungen der Probe: ....
Dicke: ....

Oberfläche: ....
Farbe: ....
Zustand: ....

Auflöseversuch:
Auftragsmengen, Reihenfolge,
Ineinandergreifen,
Verzahnung mit Flechtwerk,
Plastizität, Werkzeug,
Qualität der Aufbereitung, Einschlüsse

Entnahmestelle (Skizze):

Stroh, Faserstoffe

Art des Faserstoffs: ....
Halm-, Faserlängen: .... %: .... cm
.... %: .... cm
Halmquerschnitt: ....
Form (rund, flach, gespleißt) ....

Farbe: ....
Ähren, Keime: ....
Schimmelspuren: ....
Erhaltungszustand: ....

Lehm
Farbe (angefeuchtet): ....
Kalkgehalt: ....

Bindekraftprüfung DIN V 18952 (Korngröße <2mm):
Bindekraft: g/cm2
Benennung: ....

Korngrößenverteilung DIN 18123-4:

Größtkorn Ø: .... mm
Kornform: ....

Trockenmasse: .... g (100%)

Korngröße mm	Masse der Rückstände g	Siebrückstände als Masseanteile %	Summe der Siebdurchgänge als Masseanteile %
> 2			
2			
1			
0,25			
0,063			
< 0,063			

Körnungslinie 0,063 bis 2 mm

Abb. 9-1 Protokoll Kernfüllung und Lehmputz

Gotisches Haus, Römer 2-4-6 in Limburg, Lahn Untersuchung der historischen Strohlehmausfachungen und Lehmputze	Stakung, Flechtwerk	Gefach:

Gefach

Breite: ....
Höhe: ....
Tiefe: ....
Kerben
Anordnung: ....
Form: ....
Breite, Tiefe: ....
Stakenlöcher
Anzahl: ....
Anordnung: ....
Form: ....
Breite, Tiefe: ....

Stakung, Flechtwerk

	Staken	Flechtruten
Anordnung (waagrecht,senkrecht):	....	....
Querschnitte (mm):	....	....
Mittenabstände (mm):	....	....
Zwischenräume (mm):	....	....
Länge (cm):	....	....
Bearbeitung der Enden:	....	....
Holzart:	....	....
Zustand:	....	....

Skizze, Ansicht von .... Maßstab: ....

Abb. 9-2 Protokoll Stakung und Geflecht

Gotisches Haus, Römer 2-4-6 in Limburg, Lahn Untersuchung der historischen Strohlehmausfachungen und Lehmputze	Feinputz, Anstrich	Gefach:
	Schicht Nr.:	

Entnahmestelle (Skizze):

Feinputz, Anstrich

Schicht Nr.:	Oberfläche	Farbe	Dicke (mm)	Bindemittel	Sandkörnung	Faserzuschlag (Art, Länge)

Besonderheiten:

Abb. 9-3 Protokoll Kalkputz und Anstrich

Stichwortverzeichnis

Hrsg.: Achim Pilz

Lehm im Innenraum

2010, 247 S., zahlr. farb. Abb., Gebunden
ISBN 978-3-8167-8109-7 | Fraunhofer IRB Verlag

Ursprüngliche und neue Eigenschaften vom Stampflehm bis zum Leichtlehmstein, vom Unterputz bis zur Lehmfarbe werden erläutert. Produkte und ihre Eigenschaften hinsichtlich ihrer Bindung, Farbigkeit und Verarbeitung werden dargestellt ebenso wie ihre Grenzen, so dass Gestaltentscheidungen leichter fallen. Im Zuge des nachhaltigen Bauens wird gefragt, ob alle Eigenschaften verändernden Additive auch zum Einsatz kommen sollten. Gebaute Beispiele runden das Thema ab.

Wolfgang Lenze

Fachwerkhäuser restaurieren – sanieren – modernisieren

Materialien und Verfahren für eine dauerhafte Instandsetzung

7., durchges. Aufl.
2009, 248 S., zahlr. Zeichnungen und Fotos, Gebunden
ISBN 978-3-8167-8104-2 | Fraunhofer IRB Verlag

Fachwerkhäuser sind mehr als nur Dekorationsstücke einer historischen Stadtkulisse. Bei sachgemäßer Sanierung erweisen sie sich als dauerhafte Gebäudekonstruktionen, die modernen Wohnkomfort in einem historischen Ambiente bieten. Dieses praxisgerechte Handbuch für Sanierer und Hausbesitzer zeigt detailliert alle erforderlichen Materialien, Techniken und Verfahren für eine dauerhafte Instandsetzung auf historischer Grundlage. Dabei werden Vorgehensweisen, Konstruktionsmerkmale, Materialien und Rezepturen genannt, die sich an traditionellen Handwerkstechniken orientieren.

Hrsg.: Institut für Bauforschung e.V.

Energetische Gebäudemodernisierung

2., erw. Aufl.
2010, ca. 300 S., zahlr. Abb., Tab., Gebunden
ISBN 978-3-8167-8117-2 | Fraunhofer IRB Verlag

Basierend auf der EnEV 2009 wird die Möglichkeit geboten, sich gezielt mit den Einzelheiten bei der Vorbereitung und Planung ganzheitlicher Gebäudemodernisierungen auseinanderzusetzen. Das Buch liefert einen umfassenden Katalog mit Grundlagen zum energieeffizienten Planen, Bauen und Betreiben im Gebäudebestand. Bauphysikalische Analysen, bau- und anlagetechnische Maßnahmen, nachhaltige Konzeptionen sowie qualitätssichernde und schadensvermeidende Prophylaxehinweise werden ebenso aufgezeigt wie Kosten- und Nutzenanalysen.
Das Buch erläutert die fachgerechte Aufnahme, Analyse und Bewertung vorhandener Bausubstanz. Anhand der anerkannten Regeln der Technik werden typische Schwachstellen des Gebäudebestands und Maßnahmen für energieeffiziente Altbauerneuerung dargestellt. Neben gebäudetechnischen Anlagen ist in dem Fachbuch auch die im Baubestand anzutreffende Bautechnik detailliert beschrieben.